鸡肉料理
一本就够

杨桃美食编辑部 主编

江苏凤凰科学技术出版社

图书在版编目（CIP）数据

鸡肉料理一本就够 / 杨桃美食编辑部主编 . —— 南京：
江苏凤凰科学技术出版社 , 2015.7（2019.11 重印）
（食在好吃系列）
ISBN 978-7-5537-4483-4

Ⅰ . ①鸡… Ⅱ . ①杨… Ⅲ . ①鸡肉 – 菜谱 Ⅳ .
① TS972.125

中国版本图书馆 CIP 数据核字 (2015) 第 091486 号

鸡肉料理一本就够

主　　　编	杨桃美食编辑部	
责 任 编 辑	葛　昀	
责 任 监 制	方　晨	

出 版 发 行	江苏凤凰科学技术出版社	
出版社地址	南京市湖南路 1 号 A 楼，邮编：210009	
出版社网址	http://www.pspress.cn	
印　　　刷	天津旭丰源印刷有限公司	

开　　　本	718mm × 1000mm　1/16	
印　　　张	10	
插　　　页	4	
版　　　次	2015 年 7 月第 1 版	
印　　　次	2019 年 11 月第 2 次印刷	

标 准 书 号	ISBN 978-7-5537-4483-4	
定　　　价	29.80 元	

图书如有印装质量问题，可随时向我社出版科调换。

美味的鸡肉菜品

　　鸡肉不仅是家常食材，更是餐厅菜单常见菜品的食材，就连路边摊的鸡排、盐酥鸡等也是人气指数爆表。鸡肉营养丰富，所含的蛋白质是肉类中最好的一种，如何在烹调过程中留住鸡肉的营养以及鲜美软嫩的口感呢？餐厅的鸡肉菜又是如何制作，才能如此下饭好吃，拥有这么高人气的点菜率？

　　代表鸡肉美味的，莫过于盐水鸡、白斩鸡和炸鸡排，其他还有其他各省份的中式鸡肉菜以及异国鸡肉菜等，其中很多都是大家爱吃的。本书网罗了200道餐厅最受欢迎以及家常人气高的鸡肉菜，除了食谱外，还会介绍餐厅大厨的处理技巧与秘诀，这样想吃哪一种鸡肉菜，不用上馆子，在家就能轻松做出来。

目 录

▎**PART 1**
**餐厅最受欢迎的
鸡肉料理**

▎**PART 2**
5种基础全鸡料理

▎**PART 3**
**与酱料结合的开胃
鸡肉料理**

快速上桌的美味鸡肉料理

香醇入味的下饭鸡肉料理

备注

1 大匙（固体）＝15克
1 小匙（固体）＝5克
1 茶匙（固体）＝5克
1 茶匙（液体）＝5毫升
1 大匙（液体）＝15毫升
1 小匙（液体）＝5毫升
1 杯（液体）＝250毫升

鸡的种类与选购要点

仿土鸡

最佳烹调方式：白斩、炖煮、油炸、熏烤

仿土鸡的口感介于肉鸡和土鸡之间，放养空间比肉鸡大，但没有放山饲养。而仿土鸡脂肪较高，弹性没有土鸡好，纤维较土鸡粗，不过口感结实、肉质鲜甜，不论拿来白斩、炖煮或熏烤等都适合。

肉鸡

最佳烹调方式：油炸、烧烤、热炒

肉鸡养在拥挤的养殖场内，没活动空间，且养殖期只有6周，所以鸡肉水分含量较高，蛋白质含量少；肉鸡也因缺乏运动，肌肉组织松散，用来炖煮，肉质会软烂无口感，且脂肪含量多在炖煮后油脂会过多，外观和风味上都不佳。但肉鸡的肉质细嫩，所以很适合油炸、热炒和烧烤等烹调方式。

乌骨鸡

最佳烹调方式：汤品

乌骨鸡有白毛、黑毛和斑毛乌骨鸡，市面常见的是白毛乌骨鸡，除了鸡毛是白羽外，鸡冠、鸡皮、鸡骨、鸡肉和内脏都是黑色，这是因为其体内有一种被称为"美拉宁"的黑色素。乌骨鸡富含丰富的蛋白质与多种营养素，加上中药材的药理作用，做成药膳或滋补汤的效果极佳。

土鸡

最佳烹调方式：白斩、炖煮、汤品

土鸡饲养期较长，约16~24周，放养于山间，肉质结实，外观通常具有大而直立的单冠。烹煮后风味鲜甜，久炖不烂，且土鸡脂肪含量低，无肉腥味，炖煮烹调更可熬煮出鸡的精华，尤其是脂肪较少的公鸡。

选购要点

想要烹调出好吃的菜，除了要有一手好厨艺，更重要的就是要有好的食材。而究竟要如何买到好吃又新鲜的鸡肉呢？除了认明质检合格标志，贩卖处也应该有完善的冷藏设备，更重要的是你要学会以下的鸡肉选购绝招哦！

绝招1
表皮光泽、无伤痕

新鲜、健康的鸡表皮应该呈淡黄或黄色，带有均匀的光泽度（乌骨鸡则带有光泽的紫黑色）。

绝招2
鸡冠淡红、眼睛明亮

新鲜的鸡，鸡冠会呈淡红色，眼睛明亮，若鸡冠已偏白色且鸡的眼睛浑浊，则代表鸡已经不新鲜了。

绝招3
肉质弹性佳、不渗水

新鲜的鸡肉具有弹性，肉色呈淡粉红色，以指尖轻压会弹回，且脂肪呈淡黄色，具有光泽感。若不新鲜的鸡肉会有腥臭味且渗水，鸡肉出水表示已被宰杀至少超过两天，绝对不能选购。

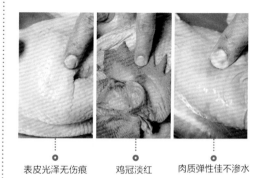

表皮光泽无伤痕　　鸡冠淡红　　肉质弹性佳不渗水

鸡肉部位大解析

全鸡腿

鸡的大腿上方包含连接身躯的鸡腿排部分，肉质细致，鲜嫩多汁，适合各种烹煮方式，常整只用来煮或烤；而西式做法则将腿与鸡腿排切开，分别油炸。

鸡胸肉

鸡胸肉的脂肪含量较低且鸡肉纤维较多，所以可以卷起来烹调，但口感较涩，常用于油炸或凉拌。

棒棒腿

鸡的腿部，因为是运动较多的部分，肉质与鸡腿排相比较有嚼劲，食用方便又美味，因此适合做成各式菜肴。

鸡柳条

鸡柳条是指鸡胸肉骨中两条较嫩的组织，就像猪的小里脊肉，脂肪含量低，可油炸或凉拌，但煮或炒口感容易干涩，必须腌过再烹制才比较好吃。

鸡翅腿

鸡翅腿是连接鸡翅与身躯的臂膀部分，也是属于运动量大的部分，但是鸡翅腿的肉较少，且与骨头连接紧密不易分离，常用于炸或烤。

鸡爪

鸡的爪子部位，它含有胶质成分。最常被用来做卤味菜了。

三节鸡翅

二节翅与三节翅，差别在于有没有带鸡翅腿的部分，鸡翅肉质虽然少，但皮富含胶质油脂又少，用于炸或卤都非常美味。

切法与去骨方式

顺纹切：切丝、切条时

在切鸡肉时注意观察鸡肉上的纹理，若要切丝切条时，顺着鸡肉的纹理同方向切，这样才不会将鸡肉原本排列的纤维破坏，烹调时也不会因为加热而让鸡肉变形或分散，较能保持鸡肉丝（条）的完整。

 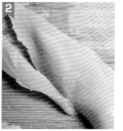

逆纹切：切肉片时

想要将鸡肉切成肉片来烹制，就垂直鸡肉的纹路切，这样原来顺着排列的纤维就会被切断，加热过程中就不会紧缩而缩小。但是，如果要切丁或小块千万别逆纹切，否则肉质容易散开。

 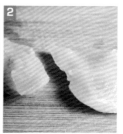

4步骤简单去掉鸡脚骨

鸡脚去骨处理的方法很容易，简单来说就是切去趾尖用刀子划开，直到看见完整的骨头后，从关节处将骨头敲断，并将周围与骨头相连着的筋肉贴着骨头划开，最后将骨头拉出即可。刚开始自己动手去骨时，也许会因为不熟练而觉得麻烦，多去几只以后就不难发现，其实并没有想象中的那么复杂难做。

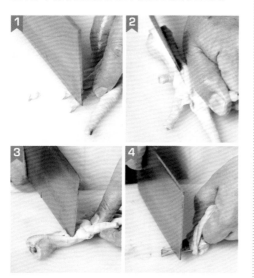

4步骤简单去掉鸡腿骨

首先从鸡腿的侧面纵剖一刀，深度要见骨。将骨头附近的筋剔除，将鸡腿骨拉出。以刀背用力地将鸡腿骨与肉连接的地方敲断，让骨头与鸡肉分离，要留一点骨头在鸡肉上，以免加热后鸡肉会卷曲缩小。最后将取下的鸡腿肉上的筋划断，避免加热时收缩变形。

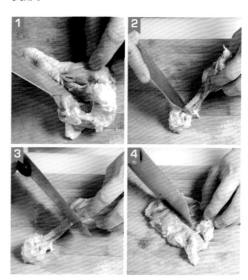

鸡肉料理软嫩秘诀

秘诀1：
水煮鸡肉以焖熟取代煮熟

　　水煮鸡肉最怕煮过头吃起来又干又涩，但煮不熟又担心不卫生，许多人在烹调上都觉得很难掌握火候，鸡肉到底要煮多久才会熟，吃起来又不会太老？一般来说，鸡腿大约是煮15分钟，关火焖约20分钟至熟，全鸡则需先放入滚水中氽烫去血水脏污，再煮15～20分钟，焖约30分钟至熟，以焖熟取代煮熟，就能让鸡肉肉质吃起来不会太干涩。（见图1）

秘诀2：
鸡丝用80℃水温氽烫，不干涩

　　鸡丝的纤维是属于较为易熟的肉质，因此只要以开水略为氽烫就会变熟，所以要氽烫鸡丝的水温不能用100℃滚烫的热水，只要以80℃左右的水温即可，这样氽烫出来的鸡丝就不容易干涩且不易结块。（见图2）

秘诀3：
鸡肉切花刀，切断纤维更软嫩

　　在肉质较厚的鸡腿肉上切花刀可以让肉更快速地入味，因此以交叉的手法来剁出刀痕，以由这样的方式切鸡肉也能顺便把肉的纤维切断，让肉经过烹调后更显得鲜嫩多汁。切花刀的做法适用于快炒的鸡肉料理，如：宫保鸡丁等。（见图3）

秘诀4：
加入湿淀粉，让肉外酥里嫩

　　鸡胸肉的肉质是属于较为干涩的肉质，因此可以加入适量湿淀粉于鸡胸肉中，这样可以让鸡胸肉的表面较为滑嫩，也比较容易在拌炒时将肉均匀地分散开来。（见图4）

秘诀5：
用手抓调味料并腌渍入味

　　想要将调味料的味道逼出，就最好先行用手略微抓取至味道出来后，再继续将肉类放入调味料中一起腌渍至入味。（见图5）

秘诀6：
包铝箔纸使肉汁不流失

　　使用铝箔纸将肉包裹起来，是为了固定其外型并让肉不致松散开来，这样就能达到保持肉汁不流失的目的。这是为了想让肉达到"热胀冷缩"的效果，另外，实时地将肉泡入冷开水中至凉后，可以达到让肉马上收缩的目的。（见图6）

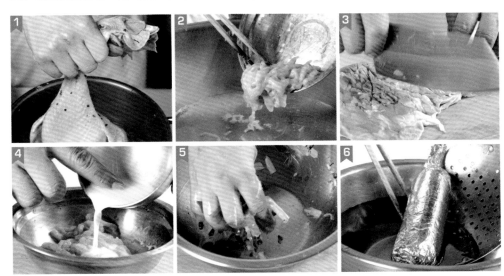

炸出好吃鸡肉

炸鸡排的第一选择——鸡胸肉

要做出美味炸鸡排，就要挑对部位。不是鸡腿也不是鸡腹，用鸡胸肉做最合适。因为鸡胸肉取得容易，价格又合理，带骨炸起来有分量，去骨吃更过瘾，而鸡胸肉容易片开成平面，展开成一大片看起来又大又满足，要做炸鸡排选鸡胸肉就对了。

地瓜粉让炸鸡吃起来更有口感

地瓜粉这类炸粉因为颗粒较粗，经过油炸后有特殊的口感，吃起来香酥可口，所以被广泛地使用作炸粉。在鸡排摊常常看到老板在将鸡排沾粉时会按压，目的是为了让地瓜粉能紧密地沾裹在鸡排上，在油炸下锅后才不致脱落，避免影响肉质口味。增加静置反潮的步骤，更能让地瓜粉不致一下锅就散开。

二次回锅油炸让鸡排更酥脆

许多鸡排摊的鸡排是现裹现炸，但也有些店家事先将鸡排炸好，等到有人购买时，再次下锅回炸，回锅炸的目的在于让鸡排吃起来比较酥脆，而且酥脆的状态能维持比较久，但回炸的时间不宜过久，也不适合再炸第三或第四次，以免鸡肉的水分流失，吃起来干干的没有肉汁。

鸡肉裹粉

取一大容器，放入地瓜粉，将腌好的鸡排放入地瓜粉，以按压的方式，均匀地沾裹地瓜粉后静置30秒反潮，备用。

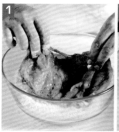

美味关键　反潮可以让地瓜粉在炸的时候不容易脱落，才不会让油浑浊、杂质太多，吃起来口感也较好。

下锅油炸

热一锅油，待油温烧至约180℃，放入裹好地瓜粉的鸡排，以中火炸约5分钟至表皮金黄酥脆，再捞起沥干油分即可。

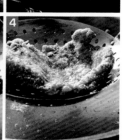

美味关键　地瓜粉颗粒较粗，油炸时可以观察表面的地瓜粉白点是否变色，要炸至呈微金黄色，吃起来才不会粉粉的好像没熟。

正确剁全鸡8步骤

步骤1	步骤2

首先将鸡头、鸡屁股剁下。	用剁刀从两侧剁下鸡翅膀。

步骤3	步骤4	步骤5

沿着鸡腿上方部分用力划开。	反转鸡身，将鸡腹部朝上，拉着刚刚划开的鸡腿剁下；依序剁下另一边的鸡腿。	将鸡胸切下后对半剁开。

步骤6	步骤7	步骤8

将剩下的骨架对半切开。	将分割好的部位一一切块摆盘。	左右对称完成排盘即可。

鸡肉烹调问题答疑

Q 鸡肉一定要先氽烫或炸过吗?

A 鸡肉在烹调前先氽烫或先炸过,可以让肉保持外观形状,让口感变得紧实,而且也较能保持肉质的嫩度。

Q 鸡肉快炒要怎样才能入味?

A 虽然快炒用的有些调味料味道比较重,但这种快炒类的鸡肉料理还是要先腌过比较好,腌好再去烹制,鸡肉会更入味。

Q 最适合做鸡丝的部位是哪里?

A 鸡丝一定要选用鸡胸肉,口感才会刚刚好。如果用鸡腿肉做菜,肉质口感太韧,也不适合与粉皮、豆芽等材料搭配。

Q 为何氽烫鸡胸肉后要放入冰箱冷藏?

A 鸡胸肉氽烫后热热的,直接放入冰箱冷藏,除了可让它降温外,也可让肉质达到紧实的效果,吃起来不仅有口感又不会太老。

Q 烟熏鸡肉需要特别注意什么?

A 利用红糖和茶叶加热产生的烟,可以让鸡肉色泽加深和增加香气。但记得烟熏的时候,不要打开锅盖,不然烟会跑掉,但也不能烟熏太久,免得会产生苦味。

Q 鸡肉要怎么煎才不会吃起来干涩?

A 煎鸡肉时可以加点水,用焖熟的方式让鸡肉保持肉质鲜嫩,这样鸡肉饱含水分,吃起来就不会干干涩涩的。

Q 用烤箱烤鸡肉,温度要怎么调?

A 如果家里有可调整上下火的烤箱,建议用上火220℃,下火180℃的温度来烤鸡肉,这样表面颜色会烤得更均匀,不易出现外焦内生的现象如果没有上下火独立的烤箱,就直接用200℃来烤就可以了。

Q 用电饭锅来蒸鸡腿肉有诀窍吗?

A 蒸鸡肉的时候,记得要用耐热保鲜膜把装鸡肉的容器包住,免得蒸的水气太多,滴到容器中影响菜肴的口感。

PART 1

餐厅最受欢迎的
鸡肉料理

说到鸡肉料理，有煎、煮、炒、炸、炖、卤、蒸、烤等多种做法，菜色多不胜数，但在餐厅最受欢迎以及点菜率最高的，总是那么几道，究竟这些美味有何魅力呢？本章就来告诉您。

三杯鸡

材料
土鸡腿600克、姜100克、红辣椒2根、罗勒15克、色拉油500毫升

调料
Ⓐ 老抽1大匙
Ⓑ 胡麻油2大匙、老抽2大匙、细砂糖1茶匙、米酒50毫升、水50毫升

做法
① 土鸡腿洗净剁小块；姜切片、红辣椒剖半、罗勒挑去粗茎洗净，备用。
② 鸡腿块用调料A中的老抽抓匀，热锅加入色拉油至160℃，下土鸡腿块用大火炸至表面微焦后捞起沥干油。
③ 洗净锅，锅热后加入胡麻油以小火爆香姜片及红辣椒，放入土鸡腿块及其余调料B，煮开后将材料移至砂锅中，用小火煮至汤汁收干，再加入罗勒拌匀即可。

椒麻鸡

材料
鸡腿1只、圆白菜丝70克、葱花20克、蒜末5克、红辣椒末3克、香菜末2克、色拉油适量

调料
老抽1大匙、白醋2茶匙、细砂糖1大匙、花椒粉少许

做法
① 用刀在鸡腿肉内侧交叉切刀，将筋切断；圆白菜丝洗净后沥干装盘垫底，备用。
② 热锅加色拉油后放入鸡肉，以中火煎至两面焦脆后捞起，切片装盘。
③ 将葱花、蒜末、红辣椒末、香菜末与老抽、白醋、细砂糖拌匀后淋至鸡肉上，再撒上花椒粉即可。

宫保鸡丁

材料
鸡胸肉	120克
葱	1根
蒜	3瓣
干辣椒	10克
花椒	少许
蒜味花生	10克
色拉油	适量

调料
A
老抽	1大匙
米酒	1大匙
白醋	1茶匙
水	1大匙
水淀粉	1茶匙

B
香油	1茶匙

腌料
老抽	1茶匙
淀粉	1大匙

做法
1. 鸡胸肉洗净去骨、去皮后切丁，加入腌料腌10分钟；葱切段；蒜切片；干辣椒切段，备用。
2. 取锅烧热后倒入适量色拉油，放入腌好的鸡胸肉丁炸熟后捞起。于锅内留适量色拉油，放入葱段、蒜片、干辣椒段与花椒炒香，加入炸鸡胸肉丁与所有调料A拌炒均匀，起锅前放入蒜味花生、淋入香油拌匀即可。

辣子鸡丁

材料

鸡腿肉	400克
干辣椒	10克
葱段	30克
蒜末	20克
色拉油	1000毫升

调料

A

老抽	1大匙
蛋清	1大匙
淀粉	2大匙
米酒	1小匙

B

盐	1小匙
花椒粉	1/2小匙

做法

❶ 先将鸡腿肉洗净切块(块不要太小)。

❷ 取一容器,依序放入鸡腿肉块、老抽、蛋清、淀粉、米酒,抓匀备用。

❸ 取一锅倒入色拉油,烧热至约160℃,将鸡腿肉逐块放入,避免粘黏,炸至全熟、表面金黄干酥,起锅沥油备用。

❹ 原锅留少许油,加入干辣椒爆香至表面变色。

❺ 继续加入蒜末、葱段、鸡腿肉块、花椒粉、盐炒匀即可。

酱爆鸡丁

材料

鸡胸肉	200克
红辣椒	1个
青椒	60克
姜末	10克
蒜末	10克
色拉油	适量

腌料

淀粉	1茶匙
盐	1/8茶匙
蛋清	1大匙

调料

沙茶酱	1大匙
盐	1/4茶匙
米酒	1茶匙
细砂糖	1茶匙
水	2大匙
水淀粉	1茶匙
香油	1茶匙

做法

1. 鸡胸肉洗净切丁，加入腌料抓匀后，腌渍约2分钟；红辣椒去籽切片；青椒洗净去籽切成小片备用。

2. 取锅烧热，倒入约2大匙色拉油，加入鸡丁，以大火快炒约1分钟至八分熟，捞出备用。

3. 锅洗净，烧热后，倒入1大匙色拉油，以小火爆香蒜末、姜末、红辣椒片及青椒片，再加入沙茶酱、盐、米酒、细砂糖及水，拌炒均匀。接着加入鸡丁，以大火快炒5秒钟，再加入水淀粉勾芡，淋入香油即可。

卤鸡腿

材料
鸡腿6只、葱段10克、蒜5瓣、色拉油适量

调料
老抽200毫升、冰糖20克、盐少许、米酒2大匙、水1000毫升

香料
八角2粒、月桂叶3片、白胡椒粒10克、草果1粒

做法
1. 鸡腿洗净，放入沸水中略余烫，捞出泡入冰水中，备用。
2. 热锅，加入2大匙色拉油，放入葱段、蒜瓣爆香，再加调料及1000毫升水，并放入所有香料煮沸。
3. 于锅中放入鸡腿，以中火卤至入味即可（亦可放凉后取出，表面刷上香油）。

照烧鸡腿排

材料
去骨鸡腿排1只、洋葱1/2个、蒜3瓣、姜20克、白芝麻少许、小豆苗少许、色拉油适量

调料
老抽30毫升、米酒2大匙、味淋1大匙、细砂糖少许、水350毫升、鸡精1小匙、盐少许

做法
1. 将去骨鸡腿排洗净，擦干水分备用。
2. 洋葱去皮洗净切成丝状；蒜与姜洗净切片备用。
3. 锅烧热，加入1大匙色拉油，放入做法2所有材料炒香，再以中火翻炒均匀。
4. 再加入去骨鸡腿排和所有调料，以中小火煮约13分钟，正反面均煮熟。
5. 将酱汁煮至收汁入味，盛盘时再切成条状，撒上白芝麻，摆上小豆苗即可。

咖喱鸡肉

材料

去骨鸡腿	1只
原味酸奶	50克
色拉油	适量
蘑菇	50克
洋葱	1/2个
胡萝卜	70克
土豆	150克
奶油	20克
姜末	5克
蒜末	5克
高汤	600毫升
米饭	1碗

调料

盐	少许
胡椒粉	少许
红椒粉	1/2小匙
印度咖喱粉	1/2小匙
中辣口味咖喱块	50克
柴鱼素	2克

做法

1. 去骨鸡腿洗净撒上盐、胡椒粉，放置约10分钟后，切成适当大小的块状，再与红椒粉、印度咖喱粉、原味酸奶充分拌匀备用。

2. 蘑菇洗净切半；洋葱、胡萝卜、土豆去皮洗净，切成大小适宜的滚刀块，备用。

3. 热锅，加入奶油，融化后炒香姜末、蒜末，再放入做法1的去骨鸡腿块，以中火煎至肉色变白，续加入做法2的材料拌炒，再加入蔬菜高汤煮沸，水沸后继续用中火炖煮约20分钟至所有食材柔软为止。

4. 于做法3中加入中辣口味咖喱块，轻轻搅拌均匀入味，再加入柴鱼素拌匀后熄火，即为咖喱鸡肉酱，可搭配米饭食用。

海南鸡

材料
土鸡	700克
香茅	1根
月桂叶	6片
姜片	50克
葱	1根

调料
葱姜泥蘸酱	适量
蒜泥醋	适量
水	2000毫升

做法

1. 先将土鸡洗净剁去鸡脚，注意要从关节下方剁去，避免鸡煮熟后鸡皮向上收缩，再取出腹腔内的脂肪；香茅洗净切段备用。

2. 取一5000毫升容量的不锈钢锅，倒入2000毫升的水、香茅段、月桂叶、姜片、葱一起以中火煮约15分钟至滚沸。

3. 将土鸡从鸡颈提起放入滚沸的锅中略煮一下，让鸡腔内灌进沸水待内外温度一致再提起，重复此动作六次，再将鸡浸入锅中。

4. 将全鸡放入锅里完全让水浸泡，待水再度滚沸时转最小火，盖上锅盖煮约15分钟即熄火，再焖30分钟。

5. 将全鸡取出，放入冰块水里浸泡约20分钟后取出。

6. 食用前将鸡剁开切盘，依喜好佐以适量蘸酱即可。

葱姜泥蘸酱

材料： 姜泥50克、蒜蓉30克、盐1茶匙、胡椒粉少许、色拉油30毫升

做法： 1. 姜泥、葱茸与盐、胡椒粉放入碗中调匀备用。

　　　　2. 热锅，倒入色拉油加热至冒烟时，熄火。将姜泥、葱蓉倒入锅内搅拌盛起即可。

蒜泥醋

材料： 蒜6瓣、香菜2根、红辣椒1根、醋3大匙、鱼露1大匙、细砂糖1/2茶匙、香油少许

做法： 1.将蒜、红辣椒、香菜切碎。

　　　　2.将做法1的材料与其余材料混合拌匀即可。

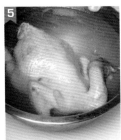

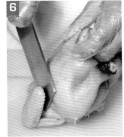

绍兴醉鸡

🥘 材料
大鸡腿	1只
葱（切片）	2根
姜（切段）	5克

🍶 调料
枸杞	1大匙
参须	1小把
红枣	10克
绍兴酒	250毫升
水	200毫升

美味关键

做醉鸡时，常用陈年绍兴酒，因为它酒味不呛温和醇厚，而且容易购买；也成为做这类菜肴时最爱用的酒类。

📖 做法
1. 先将大鸡腿洗净翻过来切断尾部的骨头，再挑除鸡骨即可。
2. 将去骨鸡腿排洗净，卷成长条状后用保鲜膜卷紧，再包覆一层锡箔纸并卷紧。
3. 将做法2的锡箔鸡腿卷与姜片、葱段一起放入水中，再用小火煮约20分钟至熟。
4. 另取一锅加入所有的调料先煮开搅拌均匀，将做法3煮好的鸡腿卷拆开锡箔纸，浸泡约3～4小时至入味，打开切片盛盘即可。

鸡骨汤

材料： 鸡骨2只、水500毫升、姜片10克、白胡椒粉少许

做法： 1. 将鸡骨洗净，与其余所有材料一起放入锅中。

2. 将做法1的鸡骨汤以中火煮沸后，边煮边撇除浮沫，再转中火煮20分钟即可。

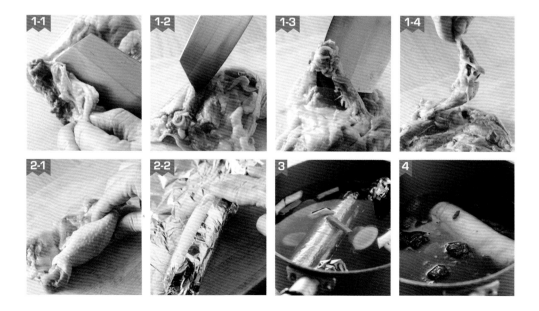

花雕鸡

材料

仿土鸡腿	2只
蒜片	10克
姜片	30克
干辣椒	5克
芹菜段	200克
蒜苗段	1根
色拉油	30毫升

调料

辣豆瓣酱	1大匙
蚝油	3大匙
花雕酒	200毫升

做法

1. 将仿土鸡腿洗净切块备用。热油锅，倒入仿土鸡腿块，煸炒至表面微焦、略香即可。
2. 加入蒜片、姜片、干辣椒略炒香。
3. 再加入辣豆瓣酱及蚝油拌炒。
4. 加入花雕酒，盖上锅盖焖煮。取一砂锅，锅底铺上芹菜段备用。
5. 待仿土鸡腿块汤汁收干、酱汁变浓稠，加入些许蒜苗段略炒后起锅盛入砂锅中，再撒上蒜苗段、淋上少许花雕酒即可。

炸鸡排

材料

鸡胸肉500克、小黄瓜数片、小西红柿3个、地瓜粉2大匙、色拉油适量

调料

米酒1大匙、五香粉1小匙、盐少许、白胡椒粉少许、淀粉少许、细砂糖少许

做法

1. 先用刀子将鸡骨架修整齐，再使用拍肉器将鸡胸肉略拍平，备用。
2. 取处理好的鸡胸肉放入容器中，加入所有调料抓约15分钟备用。
3. 将鸡胸肉两面均匀地沾上地瓜粉，放入约180℃的油锅中炸至两面呈金黄色，捞出沥油即可。
4. 将炸好的鸡排切成小块，搭配小黄瓜、小西红柿装饰即可。

怪味鸡

材料

仿土鸡腿1只（约500克）、熟白芝麻1茶匙、香菜3根、姜片50克、葱2根、红辣椒1根、冷鸡高汤50毫升

调料

老抽3大匙、芝麻酱1茶匙、白醋1茶匙、细砂糖1茶匙、味精1/4茶匙、花椒粉1/4茶匙、辣油1茶匙

做法

1. 将水倒入锅中，加入仿土鸡腿、葱1根、姜片20克，待沸腾后转小火续煮约5分钟。
2. 关火盖上锅盖焖约15分钟后，以竹签刺入鸡腿最厚处，若无血水渗出即可捞出备用。
3. 剩余姜片切末；葱1根、红辣椒切末，备用。
4. 芝麻酱加入冷鸡高汤中搅匀，再加入其余调料和做法3的姜末、辣椒末、葱末。
5. 将做法2的鸡腿剁成块状，淋上做法4的调味汁，撒上熟白芝麻、香菜即可。

脆皮炸鸡

🥘 材料

棒棒腿	4只
鲜奶	400毫升
鸡蛋	2个
色拉油	适量

🍳 腌料

盐	1/2茶匙
细砂糖	2茶匙
黑胡椒粒	1茶匙
洋葱粉	1/2茶匙
香蒜粉	1/2茶匙
姜母粉	1/2茶匙
小豆蔻粉	1/4茶匙
米酒	1大匙
水	40毫升

🌶 炸粉

低筋面粉	1杯
玉米粉	1杯
糯米粉	1杯
泡打粉	1茶匙
盐	1茶匙
细砂糖	3茶匙
香蒜粉	1大匙

🍴 做法

1. 调制炸粉：取一大容器，先放入低筋面粉，再倒入玉米粉、糯米粉、泡打粉、盐、细砂糖和香蒜粉，将所有粉类混合拌匀，再过筛备用。

2. 调制腌料：取一大容器，放入腌料中的盐、细砂糖、黑胡椒粒、洋葱粉、香蒜粉、姜母粉、小豆蔻粉、米酒，混合均匀后再加入水慢慢调匀成腌汁。

3. 腌渍鸡肉：将棒棒腿洗净，放入做法2混合均匀的腌料中抓匀，让棒棒腿均匀地沾裹上腌汁，再封上保鲜膜，腌渍约2小时。

4. 鸡肉裹粉：先将鲜奶与鸡蛋搅拌均匀，将做法3腌渍好的棒棒腿取出，放入调好的炸粉内，均匀地裹上炸粉，再放置一旁，让棒棒腿稍微反潮，接着将棒棒腿沾裹上鸡蛋牛奶，再次放入炸粉内，均匀沾裹上炸粉后，以两只棒棒腿互相轻敲，抖除多余的炸粉，让棒棒腿表面呈现微鳞片状。

5. 入锅油炸：烧一锅油至约180℃，将做法4裹好粉的棒棒腿一只一只轻轻放入油锅中，以中火炸约13分钟，至表面呈金黄酥脆，捞出沥干油即可。

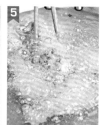

咸酥鸡

材料

去骨鸡胸肉	250克
罗勒叶	适量
色拉油	适量

腌料

姜母粉	1/4茶匙
蒜香粉	1/2茶匙
五香粉	1/4茶匙
细砂糖	1大匙
米酒	1大匙
老抽	2大匙
水	2大匙

调料

地瓜粉	100克
椒盐粉	适量

做法

① 先将鸡胸肉洗净后去皮切小块；罗勒叶洗净沥干。

② 将所有腌料混合调匀成腌汁，再将鸡胸肉块放入腌汁中腌渍1小时。

③ 捞出鸡肉沥干，均匀地沾裹地瓜粉后静置30秒反潮备用。

④ 热油锅，待色拉油温烧至约180℃，放入鸡胸肉块，以中火炸约3分钟至表皮呈金黄酥脆。

⑤ 将鸡胸肉块捞出沥干油，撒上椒盐粉，再将罗勒叶略炸，放在鸡胸肉块上即可。

鸡脚冻

材料

鸡脚	600克
香油	1大匙
色拉油	3大匙
沙姜	10克
花椒	4克
八角	5克
葱	2根
姜	50克
蒜	40克

调料

A

草果	2颗
豆蔻	2颗
小茴香	3克
甘草	5克
丁香	2克

B

水	3000毫升
老抽	800毫升
细砂糖	200克
米酒	50毫升

做法

1. 葱洗净，切段拍扁；姜洗净去皮，切片后拍扁；蒜洗净，去皮后拍扁备用。

2. 草果及豆蔻拍碎，与沙姜、花椒、八角、其他调料A一起放入棉布袋中包好。

3. 热锅，倒入色拉油，放入做法1的材料以小火爆香，再加入其他调料B与棉布袋，以大火煮至滚沸，改小火续煮约10分钟。

4. 鸡脚洗净，剁去趾甲并取出胫骨，放入滚水中汆烫约1分钟，捞出冲凉，沥干水分。

5. 做法3倒入锅中以大火煮至滚沸，放入鸡脚以小火续滚8分钟，熄火加盖浸泡10分钟，捞出放入干净的大盆中。（卤汁保留）

6. 取约200毫升锅中的卤汁与香油拌匀，淋在做法4的鸡脚上，一边搅拌一边待冷却，表面出现冻状后，再放入冰箱冷藏即可。

唐扬炸鸡

材料

鸡腿	2只
姜	15克
色拉油	1000毫升

腌料

生抽	2大匙
米酒	2大匙
味淋	20毫升
盐	1/4小匙
香油	1小匙

炸粉

低筋面粉	40克
淀粉	20克

做法

1. 鸡腿肉处理：先将鸡腿肉洗净，以刀去骨后加入少许盐、米酒（皆分量外）抓匀，腌约5分钟，加入适量水（材料外）洗净，再将鸡腿肉擦干，切成块状。

2. 腌渍鸡肉：姜洗净磨成泥；取一个大容器，将做法1的鸡腿肉块放入，加入生抽、米酒、味淋、盐、姜泥和香油，再用手混合抓匀，盖上保鲜膜，静置腌渍约1小时。

3. 调制炸粉：取一个容器，将材料中的低筋面粉以细网过筛至容器中，再和淀粉混合拌匀成炸粉，备用。

4. 裹粉油炸：
将腌渍好的鸡腿肉块放入炸粉中，稍微按压均匀地沾裹上炸粉，再将多余的炸粉轻微抖除。

5. 下锅油炸：热油锅，待油温烧热至约170℃，放入裹粉的鸡腿肉块，以中火炸约4分钟至表皮呈金黄酥脆，捞出沥干油，再重新放入油锅中，续炸约10秒钟再次捞出沥干油分即可。

新奥尔良烤鸡翅

材料
A

鸡翅	3只
白酒	50毫升
奶油	30克

B

低筋面粉	适量
鸡高汤	200毫升

调料
A

塔巴斯科辣椒	适量
（TABASCO）	
辣椒粉	1/2小匙
辣椒酱	适量

B

洋葱粉	1/2小匙
蒜粉	1/2小匙
黑胡椒粗粉	1/2小匙
盐	适量

做法

① 烤箱预热至约160℃，取一烤盘抹上一层奶油（不需放入烤箱预热）备用。

② 鸡翅洗净后擦干水分，从关节处切分成两截，淋上白酒拌匀备用。

③ 将低筋面粉和调料B放入钢盆中混和均匀成裹粉，再将每只鸡翅均匀沾裹裹粉，排在烤盘中，放入烤箱以上火160℃、下火160℃烘烤约20分钟，至鸡翅表面呈金黄色时取出。

④ 平底锅中加入奶油以中小火烧融，加入鸡高汤和所有调料A煮沸，再将烤好的鸡翅放入，以小火加热略煮约3分钟至入味，最后再次放入烤箱以上火180℃、下火180℃烤5分钟即可。

PART 2

5种基础全鸡料理

逢年过节宴客经常用到全鸡，但每次去市场买做好的熟鸡，不是排很长的队等很久，就是贵得让人心疼。其实自己在家做全鸡料理并不难，大家不妨跟着食谱与步骤试试看吧！

白斩鸡

材料

土鸡	1只
葱段	50克
姜	50克

调料

老抽	适量

美味关键　鸡脚可以塞入掏空的鸡腹中来煮，如果不想要鸡脚，可以事先剁掉。

做法

1. 取一个汤锅，将葱及姜拍松放入锅中，倒入水至七分满，开火煮至沸腾。
2. 将土鸡内脏清干净，抓住鸡脖子，将鸡脖子以下的部位放入锅中，让煮沸的水流入土鸡腹中。
3. 将鸡提起，让腹中的水流出，再重复1~2次，让鸡腹与外面温度一致。
4. 将整只鸡浸入锅中，让水盖过鸡，煮沸后转微火，维持将沸未沸的状态50分钟。
5. 将鸡捞出，泡入凉开水中降温至凉后，取出沥干即可。食用时可切块装盘，蘸老抽享用。

盐水鸡

材料
土鸡　　　1只
姜　　　　80克
葱　　　　适量

调料
盐　　　　3大匙
细砂糖　　2大匙
绍兴酒　　3大匙
花椒　　　10克
水　　　　2500毫升

做法

1. 将土鸡洗净，取出鸡脂肪，剁去鸡脚；姜去皮，切片备用。

2. 热锅，将2大匙盐与花椒干炒至花椒略呈浅咖啡色时，起锅将其涂抹于鸡身每个部位后腌30分钟。

3. 取一深锅，倒入水、姜片、葱，以中火煮至沸腾，将鸡从颈部提起放入，以上下拉提的方式重复6次，使其内部充分受热后，再将整只鸡泡入沸水中以大火煮至水沸后，再转极微火续煮约15分钟后熄火，盖上锅盖焖约30分钟。

4. 以两支筷子撑起土鸡后，放在盘中待凉。

5. 将锅中的鸡汤与其余所有调料混合均匀，待凉时，将做法4已凉的鸡泡入约6小时至入味即可。

油鸡

材料

土鸡	1只
葱	3根
姜	20克

香料包

草果	2颗
八角	10克
桂皮	8克
沙姜	15克
丁香	5克
花椒	5克
小茴	3克
甘草	5克
香叶	3克

调料

水	1600毫升
老抽	450毫升
细砂糖	120克
米酒	100毫升
香油	适量

做法

1. 将香料用棉布袋包成卤包；取一个汤锅，将葱及姜拍松放入锅中，再加入除香油外的其他调料及香料包，开火煮至沸腾后转小火，煮约15分钟至香味散发出来。
2. 将土鸡内脏清干净，抓住鸡脖子，将鸡脖子以下部位放入锅中，让煮沸的水流入鸡腹中。
3. 将鸡提起，让腹中的水流出，再重复1~2次，让鸡腹与外面温度一致。
4. 将整只鸡浸入锅中，让卤汁盖过鸡，煮沸后转微火，维持卤汁将沸未沸的状态50分钟。
5. 将鸡捞出，沥干卤汁，在表面刷上香油，放凉即可。

美味关键 想要知道鸡肉煮熟了没？很简单，只要用筷子插入鸡肉中，看是否有血水渗出即可。

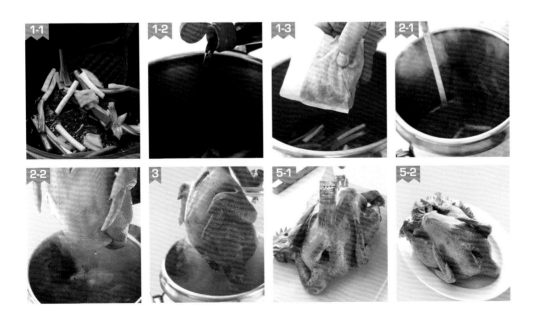

熏鸡

材料
土鸡	1只
葱段	50克
姜片	50克
细砂糖	4大匙
茶叶	2大匙

调料
盐	1大匙
椒盐粉	适量

做法
1. 取一个汤锅，将葱及姜拍松放入锅中，倒入水至七分满，开火煮至沸；将土鸡内脏清干净，抓住鸡脖子，将鸡脖子以下部位放入锅中，让煮沸的水流入鸡腹中。
2. 将鸡提起，让腹中的水流出，再重复1~2次，让鸡腹与外面温度一致；将整只鸡浸入锅中，让水淹过鸡，煮沸后转微火，维持将沸未沸的状态50分钟。
3. 将做法4的鸡捞出，略放凉，然后用1大匙盐均匀地抹在鸡肉内外。
4. 取一个炒锅铺上铝箔纸，撒上细砂糖及茶叶，放上架子。
5. 将鸡腹朝上，放置于架上。
6. 盖上锅盖，开中火烧至糖开始焦化冒烟，冒烟约8分钟后关火，静置5分钟后打开锅盖。
7. 将鸡表面刷上香油，取出放凉即可。
8. 食用时可切块装盘，蘸椒盐享用。

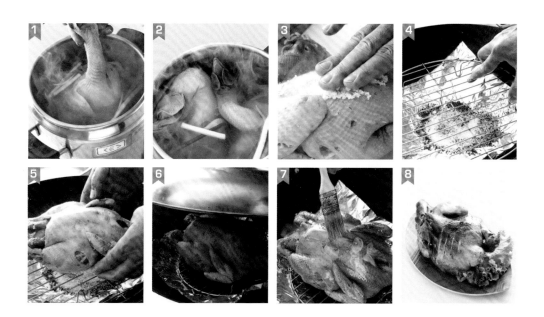

烤鸡

材料

鸡	1只
葱段	50克
姜片	30克

调料

烤肉酱	4大匙
细砂糖	1茶匙
米酒	3大匙
白胡椒粉	1/2茶匙

做法

1 将葱段、姜片及调料混合抓匀，抹遍鸡的全身及腹腔，腌渍1小时。

2 在烤盘上铺上铝箔纸，放上腌渍好的鸡连同腌料，一起入烤箱以250℃烤约15分钟。

3 取出烤鸡，用毛刷蘸取烤盘上流出的鸡油刷遍鸡身，可以让鸡皮更上色、更酥脆。

4 将鸡重新放入烤箱，再以250℃烤约10分钟至鸡皮呈金黄酥脆状。

5 取出烤鸡，挑去葱姜后装盘即可。

1-1	1-2	2	3-1	3-2

PART 3

与酱料结合的
开胃鸡肉料理

冷吃鸡肉也很美味，只要利用简单的汆烫水煮方式，搭配一般调料或特制酱料，不论淋、拌还是蘸着吃，保证让您胃口大开。

香油淋鸡腿

材料

去骨鸡腿	1只
姜片	5克

调料

A

盐	适量
白胡椒粉	适量

B

香油	2大匙

做法

① 去骨鸡腿洗净，先放入沸水中略汆烫后，捞起沥干备用。

② 取锅加入半锅水煮至沸腾，再放入姜片和调料A，放入备好的鸡腿以中小火煮约16分钟后，浸泡5分钟再捞起切片盛盘，放上装饰材料。

③ 将香油加热至约100℃，淋在做法2的鸡腿肉片上即可。

> **美味关键**
> 鸡腿洗净放入沸水中汆烫，可先去血水和脏污，接着再放入锅中煮，可加快鸡肉熟化的速度。将鸡腿与姜片、调料一起煮，不仅能去腥，也比用水煮再淋上酱汁更入味。

芝麻香葱鸡

 材料

白斩鸡鸡腿	1只
红葱头	100克
白芝麻	10克
香菜	10克
色拉油	50毫升
鸡高汤	100毫升

调料

盐	1大匙
细砂糖	1/2茶匙

做法

1. 白斩鸡鸡腿洗净剁盘；红葱头去皮后切片备用；白芝麻干炒至香备用。
2. 热锅，倒入色拉油烧至约180℃时放入红葱片，以小火慢炸至呈金黄色后捞起，过滤放凉即为红葱酥。（锅中油保留即为红葱油）
3. 将鸡高汤和所有调料混合均匀淋在剁好的白斩鸡上。
4. 于白斩鸡上淋入少许红葱油，最后撒上滤起的红葱酥、炒熟的白芝麻、香菜即可。

美味关键　以鸡高汤、盐和细砂糖调出来的调料相当美味，淋在鸡肉上可以增加鸡肉的口感，使之鲜嫩多汁，另外，根据油水分离的原理，这道菜必须先淋上鸡高汤，再淋上少许红葱油，如此一来鸡肉能先汲取鸡高汤的美味，还能油而不腻。

冰皮沙姜鸡

材料

A

土鸡	1只
葱	1根
沙姜片	30克
冰块	3大碗

B

嫩姜	50克
色拉油	2大匙

调料

盐	1/2茶匙
细砂糖	1/4茶匙
白胡椒粉	1/4茶匙
山柰粉	1/4茶匙

做法

1. 土鸡洗净，剁掉鸡脚，备用。

2. 取一汤锅，加入可淹过整只鸡3厘米的水量，再放入葱及沙姜片。煮至水沸后，手拿鸡头，将鸡身放入汤锅内泡烫再提起，如此重复10次，再将整只鸡泡入水锅里，转小火并使水不完全沸腾，泡约45分钟，备用。

3. 取一大锅，放入冰块及冷开水成冰块水，放入做法2刚取出的鸡，泡入冰水，轻轻搅拌约30分钟后取出，剁成适当大小的块状摆盘，备用。

4. 将嫩姜去皮，磨成泥，挤干水分，加入所有调料，烧热色拉油后冲入调料拌匀成蘸料，搭配鸡肉蘸食即可。

文昌鸡

材料
熟白斩鸡600克、葱30克、姜30克、蒜30克、红辣椒20克、香菜10克

调料
盐1小匙、鸡精1小匙、细砂糖1小匙、白醋1大匙、水200毫升、香油2大匙

做法
1. 将熟白斩鸡剁块摆盘备用。
2. 将葱、姜、蒜、红辣椒、香菜全部洗净切末，与所有调料一起煮匀即为文昌酱。
3. 将文昌酱趁热淋在熟白斩鸡上略泡一下即可食用。

美味关键　全鸡汆烫不容易掌握熟度，若从市场买熟鸡剁好摆盘，简单调个酱汁淋上，热的冷的都好吃，又好看！

手撕鸡

材料
鸡腿肉150克、西芹150克

调料
手撕鸡酱3大匙

做法
1. 鸡腿肉洗净用水煮或蒸15分钟至熟，待凉剥粗条备用。
2. 西芹削去粗丝切条，入沸水中汆烫半分钟，再用冷开水泡凉沥干装盘。
3. 将鸡肉条铺于西芹上，淋上手撕鸡酱即可。

手撕鸡酱

材料： 鲜味露2大匙、老抽2茶匙、细砂糖1茶匙、凉开水1大匙、香油1大匙、熟白芝麻1茶匙

做法： 将所有材料混合拌匀即可。

椒麻淋鸡肉片

材料

鸡腿肉30克、小黄瓜2条、色拉油1大匙、花椒10克、姜末20克、葱末30克

调料

老抽30毫升、白醋20毫升、细砂糖6克、香油6毫升、辣油6毫升

做法

1. 热锅,倒入色拉油,以小火将花椒炒香,盛起剁成细末,油保留即为椒麻油备用。
2. 花椒末、椒麻油与剩下所有调料混合均匀即为椒麻酱备用。
3. 小黄瓜用盐(材料外)搓洗后拍裂成一口大小的块状,铺在盘上备用。
4. 鸡腿肉洗净去骨后再去掉鸡皮,放入沸水中汆烫约3分钟即关火,以余温将鸡腿肉浸熟,捞起,以片刀切成薄片,置于小黄瓜块上,最后淋入椒麻酱即可。

黄瓜鸡片

材料

Ⓐ 鸡胸肉80克、小黄瓜80克、胡萝卜15克
Ⓑ 蚝油100克、香醋30毫升

腌料

淀粉1茶匙、米酒1大匙、蛋清1大匙、盐1/2茶匙、细砂糖30克、辣油50毫升

做法

1. 鸡胸肉切成厚约0.2厘米的片状,加入所有腌料抓匀;小黄瓜切片;胡萝卜去皮切片,备用。
2. 煮一锅水至沸腾,将胡萝卜片及鸡胸肉放入锅中汆烫2分钟,煮开后捞起,用凉开水冲凉备用。
3. 材料B和细砂糖、辣油混合拌匀至细砂糖融化即成酸辣拌酱。
4. 将所有处理好的材料加入适量酸辣拌酱拌匀即可。

芝麻香葱鸡

材料

A
鸡胸肉	100克
甜椒	30克
西芹	40克

B
葱	15克
姜	5克
蒜	10克

调料

A
淀粉	1茶匙
米酒	1大匙
蛋清	1大匙
盐	1/2茶匙

B
老醋	15克
细砂糖	35克
香油	20克
老抽	40克
辣椒酱	30克
番茄酱	50克

做法

1. 鸡胸肉洗净切成厚约0.2厘米厚的薄片，加入所有调料A抓匀；甜椒洗净切片；西芹洗净削去粗皮及筋后切斜片，备用。

2. 甜椒片、西芹片放入沸水中汆烫10秒后捞出，泡入凉开水中备用。

3. 再将鸡肉片放入锅中汆烫2分钟后捞起，用凉开水冲凉。

4. 材料B的蒜磨成泥，姜切成细末，葱切成葱花，并与调料B混合拌匀至细砂糖融化即是五味拌酱。

5. 将所有处理好的材料加入适量五味拌酱拌匀即可。

韭黄拌鸡丝

材料
鸡胸肉150克、韭黄50克、红辣椒1/2个、姜片50克、葱段30克

调料
盐1/2茶匙、香油1茶匙

做法
1. 鸡胸肉洗净去皮，加上姜片及葱段放入蒸锅中蒸熟后，趁热用刀身将鸡肉拍松再撕成粗丝备用。
2. 韭黄洗净切长段；辣椒洗净切丝备用。
3. 将韭黄段用沸水汆烫约5秒，捞起过凉水沥干。
4. 将鸡丝、韭黄段、红辣椒丝和所有调料拌匀即可。

鸡丝拉皮

材料
鸡胸肉100克、小黄瓜1根、凉粉皮200克、蒜末2大匙

调料
芝麻酱1大匙、老抽2茶匙、白醋2茶匙、细砂糖2茶匙、凉开水2大匙、香油1茶匙

做法
1. 鸡胸肉洗净用水煮或蒸10分钟至熟后，待凉剥粗丝；小黄瓜切丝备用。
2. 凉粉皮切条置于盘底，依序铺上黄瓜丝、鸡肉丝。
3. 将芝麻酱先用凉开水调稀，再依次加入蒜末和其余调料拌匀，淋至做法2上拌匀即可。

洋葱拌鸡丝

材料

鸡胸肉150克、虾仁 60克、洋葱1/2个、西红柿1个、蒜末10克、香菜末10克、红辣椒末10克

调料

鱼露1大匙、细砂糖1大匙、白醋1大匙、柠檬汁1/2大匙、辣椒酱1/2大匙、盐少许、米酒少许

做法

1. 鸡胸肉洗净抹上少许盐和米酒蒸熟，取出撕成鸡丝备用。
2. 虾仁去肠泥后洗净，放入沸腾的水中氽烫至熟，捞出泡冰水备用。
3. 洋葱去头尾切丝泡冰水；西红柿洗净去蒂切小块，备用。
4. 取所有食材和所有调料放入碗中拌匀即可。

梅汁拌鸡丝

材料

熟鸡胸肉100克、姜末5克、红辣椒末5克、葱花10克

调料

带汁紫苏梅5颗（汁约1.5大匙）、细砂糖1大匙、凉开水1大匙、盐1/4茶匙

做法

1. 熟鸡胸肉剥成细丝装盘备用。
2. 紫苏梅去籽连汤汁与所有调料放入果汁机中打成泥，取出后加入姜末及红辣椒末拌匀即是梅汁。
3. 取适量梅汁淋至鸡胸肉丝上，再撒上葱花即可。

美味关键

紫苏梅一定要连梅汁都加入拌匀，如此一来，才会完整地展现梅子香气。

泡菜凉拌鸡丝

材料
鸡胸肉2片、泡菜150克、小黄瓜2根、葱2根、红辣椒1/2条

调料
香油1小匙、香菜1小匙

腌料
淀粉1小匙、香油1小匙、蛋清适量

做法
1. 将鸡胸肉洗净切成丝，放入所有腌料中腌渍约15分钟，备用。
2. 小黄瓜、葱、红辣椒洗净切丝；泡菜洗净切段备用。
3. 取汤锅，煮沸后放入小黄瓜丝烫熟，捞出沥干水分；接着放入鸡胸肉丝烫熟后，捞出沥干水分，小黄瓜丝与鸡胸肉丝待凉后，与葱丝、红辣椒丝、泡菜段一起放入冰箱冷藏冰镇。然后取出，与所有调料拌匀即可。

茶香鸡脚冻

材料
去骨鸡脚20只、茶叶50克、葱1根、姜50克

腌料
盐1小匙、米酒3大匙、水800毫升

做法
1. 将去骨鸡脚汆烫后捞起，与其余材料和所有调料放入锅中。
2. 煮开后转小火，煮50分钟至胶质流出，关火后放入茶叶泡开，泡至有茶色后连鸡脚和少许汤汁盛至容器中，边搅边待冷却。
3. 待冷却后放入冰箱冷藏，不需解冻即可食用。

鸡腿蔬菜卷

材料

去骨鸡腿排	1只
胡萝卜	30克
葱	1根
红甜椒片	少许
蘑菇	2朵
西蓝花	3朵

调料

A

普罗旺斯香料	1小匙
盐	少许
黑胡椒粉	少许

B

| 七味粉 | 少许 |

做法

1. 将去骨鸡腿排洗净，再用菜刀将较厚的部位片开成薄片备用。

2. 将胡萝卜与葱洗净切成细长条形，与鸡腿排等长备用。

3. 将去骨鸡腿排片摊开，排入胡萝卜条与葱条，撒入调料A的所有材料，再将蔬菜鸡腿卷起来。

4. 用耐热保鲜膜将鸡腿卷起来，再用铝箔纸再卷一层，头尾转紧，再放入沸水中以中火煮约10分钟，放凉备用。

5. 将西蓝花、蘑菇和红甜椒片放入沸水中，氽烫过水，捞起备用。

6. 将放冷的鸡腿卷切成片状后摆盘，再搭配氽烫蔬菜装饰，最后再撒上七味粉即可。

鸡肉南蛮渍

材料

去骨鸡腿	200克
洋葱	150克
葱	2根
红辣椒	1个
色拉油	30毫升

调料

水	100毫升
白醋	50毫升
老抽	30毫升
米酒	15毫升
细砂糖	15克
柴鱼素	2克

做法

1. 将所有调料调匀，以中小火煮至均匀，关火备用（此即南蛮酢汁）。

2. 去骨鸡腿洗净沥干，切成约一口大小的块状备用。

3. 洋葱洗净沥干切丝；葱去根部洗净，切成约3厘米长段；红辣椒洗净去籽，斜切成约3厘米长条状，备用。

4. 热锅，倒入少许色拉油烧热，放入鸡腿肉块，以中火煎煮至鸡肉外表呈金黄色（约8分熟），依次加入洋葱丝、葱段、红辣椒条，拌炒均匀炒出洋葱的水分后关火。

5. 最后倒入南蛮酢汁，腌渍约30分钟以上至入味即可。

芝麻醋拌鸡肉

材料

去皮鸡胸肉120克、秋葵3支

调料

白醋15毫升、老抽9毫升、熟白芝麻20克、沙拉酱20克、细砂糖8克、淀粉适量

做法

1. 熟白芝麻放入研磨钵内磨碎，加入除淀粉外的其他调料调匀备用（此即芝麻醋）。
2. 秋葵去蒂头，放入沸水中汆烫至熟，捞起泡入冷水中，冷却后捞出斜切长片备用。
3. 鸡胸肉洗净沥干，斜切薄片状，将鸡肉薄片撒上少许的盐（分量外），裹上薄薄的淀粉，放入沸水中汆烫至熟，捞出沥干备用。
4. 取秋葵片、鸡胸肉片以及适量芝麻醋，拌匀盛盘即可。

酸辣鸡丁

材料

大鸡腿1只、姜片少许、洋葱1/4个、黄甜椒1/2个、红甜椒1/2个、葱1根、柠檬1/2个、香菜少许

调料

鱼露2小匙、辣椒酱1小匙、细砂糖2小匙、水600毫升、20°米酒1大匙

做法

1. 大鸡腿洗净，与姜片、20°米酒、水放入锅中，煮至大鸡腿熟透，取出放冷，去除骨头，切约2厘米小丁状备用。
2. 将洋葱、黄甜椒、红甜椒切成约1.5厘米的小丁；葱切成约1厘米的小段，柠檬挤汁后再切成小片状；香菜切成段备用。
3. 将鸡丁放入容器内，加入洋葱丁、黄甜椒丁、红甜椒丁、葱段、带汁柠檬片、鱼露、辣椒酱、细砂糖拌匀，放入冷藏室冰腌约1小时入味后取出，撒上香菜即可。

鸡肉甜椒色拉

材料
红甜椒丝	5克
黄甜椒丝	5克
葱丝	5克
香菜叶	3克
鸡胸肉丝	20克
色拉油	250毫升

腌料
面粉	5克
红辣椒粉	2克
洋葱粉	2克
大蒜粉	2克

调料
细砂糖	5克
柠檬汁	20毫升
米醋	50毫升
橄榄油	150毫升
盐	适量
白胡椒粉	适量

做法
1. 将面粉和红辣椒粉、洋葱粉、大蒜粉混合成炸粉备用。
2. 取鸡胸肉丝，沾裹上做法1的炸粉备用。
3. 取锅，倒入色拉油烧热，放入已裹粉的鸡肉丝炸熟后，捞起沥油备用。
4. 取大碗放入红甜椒丝、黄甜椒丝、葱丝、香菜叶和炸好的鸡胸肉丝混合后盛盘。
5. 将所有调料混合调匀后，淋在做法4的食材上即可。

花生鸡脚

材料

A

鸡脚	20只
花生	100克

B

八角	2颗
葱	1根
姜	30克

调料

盐	1小匙
米酒	2大匙
水	800毫升

做法

1. 花生泡水3小时备用。
2. 鸡脚洗净去骨，放入沸水中汆烫，捞起后放入锅中。
3. 再加入泡好的花生、材料B及所有调料。
4. 开火煮50分钟，再关火浸泡30分钟，冷藏后食用更佳。

美味关键 花生不容易煮熟，所以在煮之前一定要先泡水，最好泡足3小时以上，炖煮时花生才能煮透。

麻香鸡脚

🍚 **材料**

肉鸡脚10只、蒜苗30克

🥘 **调料**

花椒粉1/2茶匙、辣油2大匙、白醋1大匙、芝麻酱1茶匙、盐1/2茶匙、细砂糖1大匙、凉开水1大匙、熟白芝麻1茶匙

📋 **做法**

① 肉鸡脚用刀剁去指尖及胫骨，放入水中以小火煮约8分钟后焖2分钟，捞起泡冰水冷藏1小时后沥干备用。

② 蒜苗洗净切片。

③ 将鸡脚及所有调料混合拌匀，腌渍30分钟后再放上蒜苗片即可。

凉拌鸡胗

🍚 **材料**

鸡胗300克、葱段40克、姜片30克、八角5克、蒜末10克、葱花15克、红辣椒末10克

🥘 **腌料**

老抽2大匙、细砂糖2茶匙、香油2大匙

📋 **做法**

① 烧一锅水，水滚沸后放入鸡胗、葱段、姜片及八角煮沸，再以小火煮约15分钟后取出鸡胗，用凉开水泡凉沥干。

② 将鸡胗切片后放入碗中，加入蒜末、葱花、红辣椒末及所有调料拌匀即可。

PART 4

快速上桌的
美味鸡肉料理

　　大火快炒、油煎、烧煮等，一直是家常菜最常用也是最简单的快速烹调法，烹调鸡肉也不例外。不过，如果能够掌握好有些小秘诀，做起来会更好吃哦！

香菜鸡肉锅

材料

熟鸡1/2只、蒜100克、姜片10克、葱段30克、芹菜50克、花椒4克、香菜30克、色拉油100毫升

调料

蚝油3大匙、芝麻酱1茶匙、辣油3大匙、细砂糖1茶匙、水150毫升、绍兴酒50毫升

做法

1. 熟鸡剁小块；芹菜洗净切小段备用。

2. 起锅，倒入色拉油，将蒜、姜片、葱段依次放入锅中炸至金黄焦香后，盛出放入砂锅内垫底，将熟鸡块与芹菜段一起放于锅中备用。

3. 将炒锅中的油倒出，剩约两大匙油，放入花椒炒香后，盛至熟鸡肉上。

4. 将所有调料混合调匀，淋至鸡肉锅中，开中火盖上锅盖，煮约8分钟至汤汁略干，再加入香菜焖出香味即可。

红曲杏鲍菇鸡

材料

鸡腿2只、杏鲍菇200克、葱段20克、姜末10克、色拉油2大匙

调料

红曲酱4大匙、米酒2大匙、水100毫升、香油1茶匙

做法

1. 鸡腿洗净沥干，平均剁成小块；杏鲍菇洗净切滚刀块备用。

2. 热锅，倒入色拉油，以小火爆香葱段及姜末，加入鸡腿块炒至肉色变白。

3. 于锅中加入杏鲍菇块及红曲酱、米酒、水，盖上锅盖以小火煮约15分钟至汤汁收干，再淋上香油即可。

鲜菇三杯鸡腿

材料
带骨鸡腿排	2只
杏鲍菇	150克
姜	25克
蒜	5瓣
新鲜罗勒	2根
色拉油	1大匙

调料
老抽	2大匙
细砂糖	1大匙
盐	少许
白胡椒粉	少许
水	少许
水淀粉	少许

做法
① 将带骨鸡腿排洗净，切成小块状，再放入沸水中汆烫，去血水备用。

② 杏鲍菇洗净切成小块；姜与蒜洗净切成片状备用。

③ 锅烧热，加入色拉油，放入杏鲍菇块、姜片、蒜片以中火爆香。

④ 再加入汆烫好的鸡腿肉和所有调料炒匀，最后以中火烩煮至收汁即可。

美味关键
鸡腿排切成一口块状，不仅容易入口，也更容易吸收汤汁，吃起来更入味。如果有其他食材一起入锅烹制，最好与鸡肉块切成差不多大小，做菜时间和口感会更容易掌握。

黑胡椒铁板鸡柳

🍖 材料

鸡柳	150克
洋葱	1/2个
蒜	3瓣
红辣椒	1个
西蓝花	2小朵
玉米	1根
奶油	1大匙

🍶 腌料

盐	1小匙
黑胡椒粉	1大匙
淀粉	1大匙

🍶 调料

鸡精	1小匙
香油	1小匙水
淀粉	少许

🍳 做法

❶ 鸡柳洗净，放入混合的腌料中腌渍20分钟备用。

❷ 将玉米洗净切成小段；洋葱洗净切丝；蒜、红辣椒洗净都切片状；西蓝花洗净烫熟备用。

❸ 热一个铁板加入奶油，放入腌好的鸡柳，以中火翻炒均匀。

❹ 续加入做法2的所有材料和所有调料，以中火翻炒均匀即可。

> **美味关键**
> 铁板类菜肴的烹制秘诀，在于铁板烧热后，可以放入1块奶油让它融化，再放入材料热炒，这样闻起来味道会更香。

酱爆鸡片

材料
去皮鸡胸肉	150克		
青椒	15克		
洋葱	30克		
竹笋	50克		
红辣椒	1/2个		
蒜末	1/2茶匙		
色拉油	2大匙		

腌料
盐	1/4茶匙
料酒	1/2茶匙
淀粉	1茶匙

调料
甜面酱	1茶匙
细砂糖	1茶匙
水	1大匙
老抽	1/2茶匙

做法
1. 青椒、洋葱、竹笋洗净切丁；红辣椒洗净切片备用。
2. 去皮鸡胸肉洗净切丁，加入所有腌料拌匀，备用。
3. 热锅，加入色拉油，放入备好的鸡胸肉丁以大火炒至肉色泛白后盛出备用。
4. 继续在锅中放入蒜末及所有做法1的材料，以小火略炒香，再加入所有调料，以小火炒至汤汁收浓，接着放入备好3的鸡丁，大火快炒至汤汁收干即可。

美味关键 鸡肉切丁或丝后，先利用氽烫或过油，让表面变白稍熟后再做菜，口感会更滑嫩。鸡肉的纤维较易熟，只要使用开水略微氽烫就会变熟了，氽烫太久会变得容易结块和干涩。

川椒鸡片

📖材料
鸡胸肉　　　150克
红辣椒　　　20克
葱　　　　　1根
姜　　　　　5克
色拉油　　　500毫升
高汤　　　　1大匙

🍳调料
辣椒酱　　　1大匙
细砂糖　　　1小匙
米酒　　　　1大匙
淀粉　　　　1小匙

🧂腌料
鸡蛋　　　　1/2个
盐　　　　　1/2小匙
香蒜粉　　　1/2小匙
淀粉　　　　1大匙
米酒　　　　1大匙
香油　　　　1大匙

📋做法
1 鸡胸肉洗净去骨去皮后切片状；葱洗净切段；姜洗净切片；红辣椒洗净切菱形片备用。

2 将所有腌料拌匀后，加入鸡胸肉片腌渍约5分钟备用。

3 热一锅，放入色拉油烧热至约160℃，再将腌好的鸡胸肉片放入锅中过油炸熟后，捞起并沥干油备用。

4 于锅中留少许油，加入葱段、姜片及辣椒片炒香。

5 再于锅中加入鸡胸肉片、高汤及所有调料拌炒均匀即可。

沙茶爆鸡柳

🍲 材料
鸡胸肉	300克
姜丝	10克
红甜椒	40克
青椒	60克
色拉油	2大匙

🥣 调料
A
蛋清	1大匙
淀粉	1茶匙
米酒	1茶匙
盐	1/4茶匙

B
沙茶酱	2大匙
盐	1/4茶匙
细砂糖	1茶匙
米酒	1大匙
水	2大匙
淀粉	1/2茶匙

🍳 做法
1. 鸡胸肉洗净沥干，切成像筷子粗细的条状，加入调料A抓匀；红甜椒及青椒洗净切成细条备用。
2. 热锅，倒入色拉油，加入鸡胸肉条，炒至肉色变白后取出沥油。
3. 锅中留少许油，以小火爆香姜丝，加入红甜椒条、青椒条略炒热后，再加入做法2的鸡肉条拌炒。
4. 续加入调料B的沙茶酱、盐、细砂糖、米酒及水一起炒匀，最后以水淀粉勾芡并炒匀即可。

腰果鸡丁

🍲材料

鸡胸肉	150克
炸熟腰果	50克
青椒	60克
甜椒	60克
红辣椒	1个
姜	10克
葱	2根
色拉油	3大匙

🧂调料

A

淀粉	1茶匙
盐	少许
蛋清	1大匙

B

老抽	1大匙
米酒	1茶匙
白醋	1茶匙
细砂糖	1茶匙
淀粉	1/2茶匙
水	1茶匙

🍳做法

1. 鸡胸肉洗净切丁，用调料A抓匀腌渍约2分钟；青椒及甜椒洗净切丁，葱洗净切小段，红辣椒及姜洗净切小片备用。

2. 将调料B调匀成酱汁备用。

3. 热锅，加入2大匙色拉油，鸡胸肉下锅用大火快炒约1分钟，至八分熟即捞出。

4. 洗净锅，重新热锅，加入1大匙色拉油，用小火爆香葱段、姜片、红辣椒片及青椒丁、甜椒丁后，再放入鸡肉，转大火快炒约5秒后，边炒边将酱汁淋入炒匀，最后再将熟腰果倒入炒匀即可。

醋溜宫保鸡丁

材料
去骨鸡胸肉	300克
花椒	10粒
干辣椒	10个
葱	1根
蒜	2瓣
姜	10克
蒜味花生	30克
色拉油	1大匙

调料
醋熘酱汁	1/2杯
老抽	1大匙
胡椒粉	1/4小匙

手撕鸡酱

材料： 糖醋酱底300毫升、镇江醋300毫升、大红浙醋300毫升、老抽1/2瓶、A1牛排酱1/2瓶、生抽30毫升、细砂糖300克、盐15克

做法： 将以上所有材料拌匀，煮至沸腾放凉即可。

做法

① 去骨鸡胸肉洗净切小丁，加入腌料腌20分钟备用。

② 花椒洗净，沥干水分；干辣椒洗净去籽切小段备用。

③ 葱洗净切葱花；蒜去膜洗净切片；姜洗净切片，备用。

④ 取一碗盘，将色拉油放入盘中，再将鸡胸肉块放入盘中拌一下，备用。

⑤ 起一锅，放入色拉油烧热至约40℃，将拌好的鸡胸肉块放入锅中以小火油炸，并用筷子迅速拌开，待肉变白，再稍浸泡一下即可捞出沥干备用。

⑥ 另起一锅，放入少量的色拉油（材料外），将花椒放入炒香后捞出再放入干辣椒段炒香。

⑦ 再放入炸好的鸡胸肉块与醋熘酱汁、老抽、胡椒粉一起拌炒至收汁，放入花生稍拌均匀即可起锅盛盘。

苹果鸡丁

材料

鸡胸肉	150克
苹果肉	80克
红甜椒	50克
葱段	20克
姜末	10克
色拉油	3大匙

调料

A

淀粉	1茶匙
盐	1/8茶匙
蛋清	1大匙

B

甜辣酱	2大匙
米酒	1茶匙
水淀粉	1茶匙
香油	1茶匙

做法

1. 鸡胸肉洗净切丁后，用调料A抓匀，腌渍约2分钟；苹果肉切丁；红甜椒洗净切小片备用。

2. 热锅，加入约2大匙色拉油，放入腌渍好的鸡丁，大火快炒约1分钟，至八分熟即可捞出。

3. 洗净锅后，热锅，加入1大色拉匙油，以小火爆香葱段、姜末及红甜椒片，再加入甜辣酱、米酒及备好的鸡丁炒匀。

4. 最后再加入苹果丁，用大火快炒5秒后，加入水淀粉勾芡，淋上香油即可。

美味关键 水果因容易软烂，所以不宜久煮，要等生鲜食材都煮熟了，也调好味了，才能将水果放入锅中略拌炒。

避风塘炒鸡

材料

鸡腿	500克
蒜	100克
干辣椒	3克
色拉油	500毫升
鸡蛋	1个

调料

A

老抽	1大匙
淀粉	1大匙

B

豆豉	5克
盐	1/2茶匙
细砂糖	1茶匙
米酒	1大匙

做法

1. 蒜、豆豉切细末；鸡腿洗净沥干剁小块，加入鸡蛋、调料A的老抽抓匀，再加入淀粉拌匀备用。

2. 热锅，倒入色拉油，加入蒜末，以中火慢慢炸约5分钟至表面略呈金黄色后捞起沥油。

3. 待锅中油温烧至约160℃，放入鸡腿块，以大火炸约4分钟至表面呈金黄酥脆后捞起沥油。

4. 锅中留少许油，放入豆豉、干辣椒略翻炒，加入炸好的炸鸡腿块及蒜末，再加入盐、细砂糖及米酒，以中火翻炒至没有水分，香气溢出即可。

美味关键 用蒜炸过的蒜酥油再去炸鸡肉，鸡肉不需要添加其他香料就可以有很浓的蒜香味。

葱烧鸡腿肉

🍲 材料

去骨鸡腿排	1支
葱	2根
洋葱	1/2个
蒜	3瓣
辣椒	1个
小豆苗	适量
色拉油	1大匙

🧂 调料

老抽	1大匙
番茄酱	1小匙
盐	少许
黑胡椒粉	少许
鸡精	少许
米酒	1小匙

🍳 做法

1. 将去骨鸡腿排洗净，再切成块状备用。

2. 将洋葱洗净切成小丁；蒜、辣椒和葱都洗净切成片状备用。

3. 锅烧热，加入色拉油，再加入去骨鸡腿块，以中火爆香。

4. 继续加入做法2的所有材料与所有调料，以中火翻炒均匀，再摆入洗净的小豆苗装饰即可。

双椒炒嫩鸡

材料
鸡腿肉	1只
青甜椒	1个
红甜椒	1个
嫩姜	10克
香菇	2朵
色拉油	500毫升

调料
盐	1小匙
老抽	1大匙
鸡精	1小匙
水	2小匙
淀粉	2大匙
白胡椒粉	1小匙

做法
1. 鸡腿肉洗净去骨，切成小片状，拌入淀粉再放入冷油中以小火加热炸至半熟后捞起备用。
2. 将青甜椒和红甜椒切小块；嫩姜洗净切片状；香菇洗净切成四等份备用。
3. 起一个炒锅，以中火将鸡腿肉片稍稍翻炒，再加入做法2的所有材料和其余所有调料一起炒1分钟至均匀即可。

美味关键 这道菜在于纯粹凸显肉质的鲜嫩口感，所以只是单纯地加入一些食材和调料来清炒，并没有添加过重口感的酱料。另外，选择肉质较佳的鸡腿肉，且事先腌渍、过油处理，能让肉质的鲜嫩更加凸显。

香根鸡丝

材料

鸡胸肉	150克
香菜梗	20克
红辣椒丝	20克
葱丝	20克
姜丝	10克
色拉油	500毫升

调料

A

蛋清	2茶匙
淀粉	1茶匙
米酒	1茶匙
老抽	1大匙

B

老抽	2大匙
细砂糖	1/2茶匙
米酒	1大匙

C

香油	1茶匙

做法

1. 香菜梗洗净切段备用；鸡胸肉洗净顺纹切丝备用。
2. 取一容器加入调料A混合均匀，加入鸡肉丝拌匀，续加入一点色拉油拌匀。
3. 取热锅，倒入冷油（油稍多一些），放入鸡肉丝，拨散后以中小火炒至表面变白，起锅沥油备用。
4. 原锅留少许油，加入红辣椒丝、葱丝、姜丝爆香。
5. 继续加入鸡肉丝、调料B翻炒。
6. 起锅前放入香菜梗，淋入香油拌匀即可。

豆芽鸡丝

材料

鸡胸肉	150克	水	50毫升
豆芽	150克	米酒	1/2茶匙
蒜	2瓣	盐	1/6茶匙
葱丝	少许	细砂糖	1/8茶匙
色拉油	1大匙	水淀粉	1茶匙
		香油	1茶匙

B

C

水	300毫升

调料

A

淀粉	1茶匙
盐	1/6茶匙
米酒	1茶匙
水	1大匙
蛋清	1大匙

做法

1. 鸡胸肉洗净切成长约4厘米的肉丝,与调料A拌匀腌渍约3分钟;蒜切碎备用。

2. 将调料C中的水加热至温度约80℃后熄火,将做法1的鸡肉丝倒入热水中,并用筷子将鸡肉丝拌开,待鸡肉丝表面变白并散开后将鸡肉丝捞出沥干水分。

3. 热一锅,加入色拉油,以小火爆香蒜后,再加入鸡肉丝翻炒数下,再继续加入豆芽、葱丝、米酒、50毫升水、盐及细砂糖,以大火快炒10秒后,再加入水淀粉勾芡并淋上香油炒匀即可。

油豆腐沙茶烧鸡

材料
鸡腿300克、油豆腐200克、干香菇6朵、蒜末1/2小匙、葱花1/2小匙、色拉油1/2匙、鸡高汤300毫升

调料
沙茶酱1/2大匙、老抽1/2小匙、细砂糖1/4小匙、料酒1大匙

做法
1 鸡腿洗净切块，放入沸水中汆烫去血水，捞起冲水洗净备用。
2 油豆腐放入沸水中汆烫一下，捞起备用。
3 干香菇泡水后捞起沥干。
4 取锅炒香蒜末，放入炖锅中，再加入鸡腿块、鸡高汤、所有调料、汆烫过的油豆腐和泡发好的香菇以小火炖煮约10分钟，撒上葱花即可。

姜汁烧鸡

材料
鸡腿肉200克、泡发香菇4朵、葱段30克、姜汁50毫升、姜丝20克、色拉油2大匙

调料
老抽80毫升、米酒50毫升、水100毫升、水淀粉1大匙、香油1茶匙

做法
1 鸡腿肉及泡发香菇洗净沥干，平均切小块，一起放入沸水中汆烫约2分钟后洗净沥干。
2 热锅，倒入色拉油，以小火爆香姜丝、葱段，再加入鸡腿块及香菇块炒匀。
3 续于锅中加入姜汁及老抽、米酒、水，以小火煮约15分钟，再加入水淀粉勾薄芡，并淋上香油即可。

菠萝鸡球

材料

去骨鸡腿	1只
小黄瓜	1/2根
胡萝卜	30克
菠萝片	3片
葱	1根
红辣椒	1个
姜	30克
蒜	1瓣
色拉油	500毫升

调料

A

米酒	1小匙
白胡椒粉	适量
老抽	1小匙
淀粉	1大匙

B

酸甜糖醋酱汁	3/4 杯
水淀粉	适量

做法

1. 将去骨鸡腿洗净并沥干水分，去除鸡皮，切成2厘米方块备用。

2. 小黄瓜、胡萝卜洗净分别切滚刀块；菠萝片切小块；葱洗净切小段备用。

3. 红辣椒、姜、蒜分别洗净切片备用。

4. 将鸡腿块以调料A腌渍约1小时备用。

5. 起一油锅，将油烧热至40℃，将腌好的鸡腿块放入锅中以低油温、小火油炸约5分钟，捞起沥干备用。

6. 将小黄瓜块、胡萝卜块及菠萝块一起放入沸水中烫熟，捞起并沥干水分。

7. 起一锅，放入2大匙油烧热后，加入葱段及做法3的材料爆香后，加入酸甜糖醋酱汁煮沸。

8. 再加入汆烫好的小黄瓜块、胡萝卜块一起拌煮，以水淀粉勾薄芡后，放入菠萝块与鸡腿块一起拌匀即可。

酸甜糖醋酱汁

材料： 罐头菠萝片100克、罐头菠萝汁250毫升、糖醋酱250毫升、白醋400毫升、细砂糖400克、盐20克

做法： 罐头菠萝片切小丁，连同以上所有材料拌匀，煮至沸腾放凉过滤取酱汁即可。

芒果鸡

材料

鸡胸肉	180克
芒果肉	150克
姜丝	5克
红甜椒	40克
青椒	40克
色拉油	适量

调料

A

蛋清	2茶匙
淀粉	1茶匙
米酒	1茶匙
盐	1/4茶匙

B

番茄酱	1大匙
白醋	2大匙
细砂糖	2大匙
白米	1茶匙
水	2大匙

C

水淀粉	2茶匙
香油	1茶匙

做法

1. 将芒果肉、青椒、红甜椒洗净去籽，切成条状备用。
2. 鸡胸肉洗净顺纹切成鸡柳备用。
3. 取一容器，放入调料A调匀后放入鸡柳拌匀，再加一点色拉油，拌匀至水分吸收。
4. 热锅倒入冷油（油稍多一些），放入鸡柳，拌开后以中小火炒至全熟，起锅备用。
5. 原锅中加入姜丝、青椒条、红甜椒条、调料B煮沸后，续加入水淀粉、鸡柳、芒果条略拌匀，起锅前淋入香油即可。

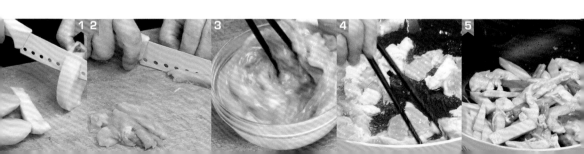

干葱豆豉鸡

材料
仿土鸡腿2 只、红葱头100克、豆豉15克、姜末
1/2茶匙、色拉油300毫升

调料
蚝油2茶匙、米酒50毫升、细砂糖1/2茶匙、水
50毫升、淀粉1茶匙

腌料
老抽1茶匙、细砂糖1/2茶匙、绍兴酒1茶匙

做法

1. 仿土鸡腿洗净切块，加入腌料腌渍约15分钟后，加入淀粉备用。

2. 热一锅，倒入色拉油约烧至160℃，放入红葱头炸至金黄捞出，再放入仿土鸡腿块炸约10分钟捞出。

3. 锅中留少许油，放入姜末、豆豉爆香后，加入水、所有调料、红葱头、仿土鸡腿块，转小火盖上锅盖焖煮约2分钟即可。

香茅辣酱鸡

材料
鸡腿肉350克、香茅2根、姜10克、蒜末5克、色
拉油1大匙、罗勒叶适量

调料
辣椒酱1大匙、姜黄粉1茶匙、水150毫升、椰浆
50毫升、盐1/4茶匙、细砂糖1茶匙

做法

1. 鸡腿肉洗净沥干，切成约3厘米的小块；香茅及姜洗净切片，备用。

2. 热锅，倒入色拉油，以小火爆香蒜末、姜片，再加入鸡腿块，以中火翻炒至肉色变白。

3. 续于锅中加入辣椒酱炒香，再加入姜黄粉、水、椰浆、香茅片、盐及细砂糖煮滚后，转小火续煮约5分钟，再放上罗勒叶装饰即可。

新疆大盘鸡

材料
土鸡	700克
土豆	400克
青椒	150克
西红柿	100克
红辣椒	2个
姜末	10克
花椒	3克
八角	2粒
色拉油	2大匙

调料
豆瓣酱	1大匙
水	500毫升
料酒	4大匙
老抽	2大匙
细砂糖	2大匙

做法
1. 土鸡洗净剁成同样大小的小块；土豆及西红柿洗净切滚刀块；青椒及红辣椒洗净去籽切片备用。
2. 热锅，倒入色拉油，加入鸡肉块，以中火翻炒至表面微焦有香气，再加入豆瓣酱、姜末及青椒片、红辣椒片一起翻炒。
3. 续于锅中加入水、料酒、老抽、细砂糖及花椒、八角，煮沸后，转小火煮约10分钟至土豆变松软，汤汁略稠即可。

味噌芋头鸡

材料

鸡腿	500克
芋头	200克
葱	2根
姜末	10克
红辣椒	1个
色拉油	30毫升

调料

味噌酱	2大匙
水	250毫升
细砂糖	2茶匙
米酒	1大匙
水淀粉	1/2大匙
香油	1茶匙

做法

1. 鸡腿洗净沥干，剁成小块；芋头去皮洗净切小块；葱洗净切段；红辣椒洗净切末，备用。

2. 热锅，加入色拉油，烧热至约150℃，将芋头放入锅中，用小火炸约3分钟至表面变硬后捞起备用。

3. 将锅中的油倒出，锅底剩约1大匙油，放入葱段、姜末及红辣椒末以小火爆香后，放入鸡腿块大火炒至表面变白。

4. 续于锅中加入味噌酱、水、细砂糖、米酒煮沸后，转小火煮约4分钟，再放入炸芋头块，续煮2分钟至汤汁略浓稠，再加入水淀粉勾芡，淋上香油即可。

东安子鸡翅

材料
鸡翅	200克
红辣椒	1个
葱	2根
姜	5克
色拉油	300毫升
高汤	2大匙

腌料
盐	1/2小匙
淀粉	1小匙
白胡椒粉	1/2小匙
米酒	1大匙
香油	1小匙

调料
盐	1/2小匙
细砂糖	1/2小匙
白醋	1大匙
香油	1小匙
辣油	1小匙
米酒	1大匙

做法
1. 鸡翅洗净并去骨切条状；姜、葱、红辣椒洗净切丝备用。
2. 将所有的腌料一起拌匀后，加入鸡翅肉腌渍约5分钟。
3. 热一锅，于锅中放入色拉油烧至约80℃，放入腌好的鸡翅肉条过油炸熟后，捞起并沥干油备用。
4. 于锅中留下少许油，再放入姜丝、红辣椒丝一起爆香。
5. 再于锅中加入鸡翅肉条、高汤及所有调料一起焖炒约1分钟，最后于起锅前放入葱丝炒匀即可。

菠萝苦瓜鸡

材料

棒棒腿	2只
新鲜菠萝	200克
苦瓜	1根
姜	20克
蒜	5瓣
色拉油	1大匙

调料

黄豆酱	1大匙
老抽	1小匙
香油	1小匙
白胡椒粉	少许
盐	少许
米酒	1大匙

做法

1. 棒棒腿洗净切成小块状,再放入沸水中汆烫2分钟,捞起沥干水分备用。

2. 将新鲜菠萝去皮,切成小片状,再与汆烫好的鸡腿肉一起腌渍约15分钟。

3. 苦瓜洗净,去籽去内膜后切成小条状;蒜和姜都洗净切成片状备用。

4. 取一个炒锅,先加入色拉油,放入蒜片和姜片先爆香,再放入苦瓜条,以中火翻炒均匀。

5. 续于锅中加入腌渍好的鸡腿肉及所有调料,拌匀后盖上锅盖,以中火煮约10分钟即可。

啤酒鸡

材料
鸡腿2只、干香菇4朵、香菜少许、色拉油300毫升

调料
啤酒适量、老抽2大匙、黑胡椒粒1小匙、米酒1大匙、

做法
1. 鸡腿洗净后切块，加入1大匙老抽、黑胡椒粒、米酒一起腌渍30分钟后，再过油备用；干香菇泡水至软备用。
2. 取一锅，将鸡腿块、香菇、香菜、啤酒和剩余老抽放入锅中，以中火煮到剩下少许汤汁时起锅即可。

美味关键 用啤酒代替水来烹煮肉类，这样可以加速肉类煮烂的速度，而且肉质也会较为鲜嫩，使之风味独特。

腐乳烧鸡腿

材料
棒棒腿3只、洋葱1/2个、葱1根、蒜3瓣、红辣椒1/4个、色拉油1大匙

调料
豆腐乳2块、老抽1大匙、细砂糖1小匙、白胡椒粉少许、香油1小匙、米酒1大匙

做法
1. 将棒棒腿洗净切成小块状，放入沸水中余烫2分钟，捞出沥干水分备用。
2. 洋葱切丝；葱切小段；蒜、红辣椒切片，所有调料先调匀成兑汁备用。
3. 热一炒锅，加入色拉油，接着加入洋葱丝、葱段、蒜片、红辣椒片，以中火爆香。
4. 续于锅中加入棒棒腿与兑汁，续以中火煮至汤汁收干即可。

客家桂竹笋烧鸡

材料

肉鸡腿	2只（约400克）
桂竹笋	200克
福菜	30克
蒜	3瓣
姜片	10克
香菜	2根
色拉油	30毫升

调料

老抽	2大匙
米酒	1大匙
香油	1小匙
鸡油	2大匙
水	300毫升

做法

1. 肉鸡腿洗净切大块；福菜洗净拧干切小段备用。桂竹笋放入沸水中汆烫去苦涩味，取出放凉后，撕成丝状，再切成小段备用。

2. 取锅，倒入少许色拉油，趁冷油将肉鸡腿放入锅中，皮朝下煸出油且鸡腿表皮呈金黄色。

3. 加入蒜、姜片炒香，再加入福菜段炒匀后，放入桂竹笋炒匀。

4. 再加入老抽炒匀后，加入米酒呛出香味，再倒入鸡油炒匀，加水煮沸，盖上锅盖转小火卤约15分钟左右即可。

口水鸡

材料
白斩鸡	700克
蒜	8瓣
白芝麻	1大匙
姜丝	20克
葱段	10克
香油	1大匙
花椒	1大匙
油葱酥	1小匙
香菜末	少许

调料
芝麻酱	1大匙
水	350毫升
盐	1小匙
鸡精	1小匙
白胡椒粉	1小匙
辣油	1大匙

做法
1. 白斩鸡切块，盛盘备用。
2. 热锅加入香油，再加入花椒，以小火煸香后挑除花椒。
3. 蒜洗净切片，续于锅中加入蒜片、白芝麻、姜丝及葱段炒香。
4. 续加入芝麻酱及水拌匀，再加入盐、鸡精及白胡椒粉炒匀，淋入辣油，即为酱料。
5. 将酱料淋至白斩鸡块上，撒入油葱酥及香菜末即可。

香辣干锅鸡

材料

鸡腿800克、蒜片20克、姜片10克、花椒3克、干辣椒10克、芹菜段80克、蒜苗50克、色拉油200毫升

调料

蚝油1大匙、辣豆瓣酱1大匙、细砂糖1大匙、水150毫升、绍兴酒50毫升

做法

① 鸡腿洗净沥干，剁成等量小块，热锅，倒入色拉油，待油温热至约180℃，放入鸡腿块，炸至表面呈微焦后取出滤油。

② 锅中留下约少许油，以小火爆香蒜片、姜片、花椒及干辣椒，加入辣豆瓣酱炒香。

③ 续放入炸鸡腿块，加入其他调料炒匀，以小火煮约5分钟至汤汁略收干，再加入蒜苗及芹菜段炒匀后即可。

炒鸡酒

材料

土鸡1只、老姜片30克

调料

香油60毫升、枸杞1大匙、无盐米酒600毫升

做法

① 土鸡洗净，切成等量块状备用。

② 取一锅，开中小火，倒入香油，再放入老姜片煸香，煸香的过程要用锅铲翻动，待姜片呈微金黄色且边缘向内卷起即可。

③ 接着转小火，放入切好的鸡块，但不要翻炒，再转大火，约20秒后开始翻炒。

④ 翻炒2～3分钟后转小火，慢慢倒入无盐米酒，再转成中火煮约5分钟，滚沸即可起锅盛盘，并放上枸杞即可。

黄瓜烧鸡

📋 材料
鸡腿肉300克、黄瓜罐头1罐、红辣椒片30克、蒜末20克、姜末20克、色拉油20毫升

🧂 调料
老抽1大匙、水100毫升、米酒50毫升、细砂糖1茶匙

📖 做法
1. 鸡腿肉洗净切小块备用。
2. 热一炒锅，放入色拉油，加入鸡腿肉块，以小火煸炒至表面微焦后，加入姜末、红辣椒片及蒜末炒香。
3. 继续加入所有调料与黄瓜罐头，烧至汤汁收干即可。

福菜烧鸡

📋 材料
鸡肉400克、福菜100克、姜30克、色拉油15毫升、红辣椒片30克、蒜40克

🧂 调料
老抽4大匙、细砂糖2大匙、水200毫升

📖 做法
1. 福菜泡水约30分钟后，洗净沥干切小段；姜、蒜洗净切末；鸡肉洗净沥干，剁成等量小块备用。
2. 热锅，倒入色拉油，以小火爆香姜末、蒜末、红辣椒片，加入鸡肉块炒至肉色变白。
3. 接着加入所有调料及福菜，煮沸后，转小火煮约12分钟即可。

洋葱鸡丝

材料
鸡胸肉	150克
洋葱	1/2个
蒜	2瓣
色拉油	3大匙

调料

A
淀粉	1茶匙
盐	1/6茶匙
米酒	1茶匙
水	1大匙
蛋清	1大匙

B
黑胡椒粉	1/2茶匙
A1酱	1茶匙
水	2大匙
盐	1/6茶匙
细砂糖	1/2茶匙
水淀粉	1茶匙
香油	1茶匙

做法

1. 鸡胸肉切成长约4厘米的肉丝后，与调料A拌匀腌渍约3分钟；洋葱切丝；蒜瓣切碎备用。

2. 热一锅，加入2大匙色拉油，将腌好的鸡肉丝下锅，以小火将肉丝炒至鸡肉表面变白捞出。

3. 另热一锅，加入1大匙色拉油，以小火爆香洋葱丝及蒜碎，加入调料B中的黑胡椒粉略微翻炒数下后，再加入A1酱、水、盐及细砂糖一起拌匀。

4. 再加入鸡肉丝，以大火快炒10秒后，加入水淀粉勾芡，再淋上香油炒匀即可。

芝麻酱烧鸡

材料
鸡腿400克、蒜片20克、姜片10克、葱段30克、红辣椒片30克、香菜5克

调料
蚝油3大匙、芝麻酱1大匙、细砂糖1茶匙、水250毫升、米酒50毫升

做法
1. 鸡腿洗净沥干,剁成大小一致的小块;热锅,倒入色拉油,待油温烧至约180℃,放入鸡腿块炸至表面呈微焦后取出滤油。
2. 将锅中油倒出,剩少许油,以小火爆香蒜片、姜片、葱段及红辣椒片。
3. 续于锅中放入鸡腿块,与所有调料炒匀,以小火烧至汤汁收干起锅,再放上香菜即可。

道口烧鸡

材料
烤鸡1/2只、小黄瓜1根、香菜少许、蒜末1茶匙、红椒末1/2茶匙、

调料
白醋2大匙、醋1茶匙、细砂糖2茶匙、老抽1大匙、香油1茶匙、花椒油1/2茶匙

做法
1. 小黄瓜洗净切丝,泡入冷水中,使之恢复爽脆口感,再捞起沥干后盛入盘底备用。
2. 烤鸡待凉后去骨切粗条,放在盛有小黄瓜丝盘上。
3. 将蒜末、红椒末、所有调料拌匀,淋在盘中鸡肉上,最后再撒入香菜即可。

芋头烧鸡

材料
去骨鸡腿2只、芋头1块、蒜5瓣、色拉油200毫升

调料
老抽2大匙、细砂糖1/2大匙、水480毫升

腌料
米酒2大匙、盐1/4小匙、淀粉1/2茶匙

做法

1. 芋头去皮洗净切块；去骨鸡腿洗净切块，加入所有腌料材料抓匀腌渍约15分钟备用。

2. 取一锅，加入色拉油，油温热至约180℃，加入蒜瓣、芋头块炸至外表呈金黄色时捞起沥油，再放入鸡腿块炸至外表呈金黄色捞起沥油备用。

3. 将原锅的油倒出，加入炸好的蒜瓣、芋头块、鸡腿块及所有调料一起烧至收汁即可。

蒜烧鸡丁

材料
去骨鸡腿排2只、蒜10瓣、杏鲍菇1只、葱1根、色拉油200毫升

调料
老抽1小匙、细砂糖1小匙、鸡精1小匙

腌料
淀粉少许、米酒少许、香油少许

做法

1. 将去骨鸡腿排洗净切成小丁，加入所有腌料腌渍约15分钟，接着放入180℃的油锅中炸至上色备用。

2. 蒜洗净切小丁；杏鲍菇洗净切小丁；葱洗净切花，备用。

3. 热一炒锅，加入色拉油，放入做法2所有材料以中火爆香，接着加入炸好的鸡丁与所有调料，翻炒均匀即可。

菱角烧鸡腿

材料
棒棒腿3只、去壳菱角100克、蒜3瓣、洋葱1/2个、胡萝卜1/5根、葱1根、色拉油1大匙

调料
老抽2大匙、细砂糖1大匙、盐少许、白胡椒粉少许、香油1小匙、水500毫升

做法
1. 将棒棒腿洗净切成大块，再放入沸水中汆烫后过水备用。
2. 将菱角洗净；蒜、胡萝卜洗净切片；洋葱洗净切丝；葱洗净切段备用。
3. 起一个炒锅加入色拉油，再加入汆烫好的鸡块以中火翻炒上色。
4. 再加入做法2的所有材料和所有调料，并以中小火焖煮约25分钟至软即可。

冬瓜烧鸡

材料
鸡腿肉400克、冬瓜400克、姜丝30克、红辣椒30克、色拉油2大匙

调料
米酒2大匙、水200毫升、盐1茶匙、细砂糖1大匙、水淀粉1大匙、香油1茶匙

做法
1. 冬瓜洗净去皮，切块；红辣椒洗净切丝；鸡腿肉洗净沥干切小块备用。
2. 热锅，倒入色拉油，以小火爆香姜丝、红辣椒丝，加入鸡腿块炒至肉色变白，再加入冬瓜块、米酒及水，煮沸后，盖上锅盖转小火续煮约30分钟。
3. 打开锅盖加入盐及细砂糖，转中火持续煮至汤汁剩约一半，再加入水淀粉勾薄芡，并淋上香油即可。

栗子烧鸡

材料

去骨鸡腿排	2支
熟栗子	15粒
蒜	3瓣
葱	1根
红辣椒	1/3条
色拉油	1大匙

腌料

淀粉	1小匙
盐	少许
白胡椒粉	少许
老抽	1小匙

调料

老抽	2大匙
水	适量
细砂糖	1小匙
香油	1小匙
米酒	1大匙
鸡精	1小匙

做法

1. 将去骨鸡腿排洗净切成小块，加入所有腌料腌渍约15分钟备用。

2. 蒜、红辣椒洗净切片；葱洗净切成小段备用。

3. 热一炒锅，加入1大匙色拉油，接着加入做法2所有材料以中火爆香，接着加入熟栗子略炒。

4. 在做法3的锅中加入腌好的鸡腿排与所有调料，续以中火烩煮至汤汁收干即可。

左公鸡

材料
去骨鸡腿肉	150克
干辣椒	4个
葱	1根
蒜末	1/4茶匙
色拉油	200毫升

腌料
老抽	1/2茶匙
水	20毫升
淀粉	1茶匙
绍兴酒	1/2茶匙
细砂糖	1/4茶匙

调料
老抽	1/2茶匙
番茄酱	1大匙
白醋	1/2茶匙
辣椒酱	1茶匙
细砂糖	1大匙

做法

1. 去骨鸡腿肉洗净剁成约3x2厘米大小的块状，放入腌料腌渍约15分钟备用。

2. 葱洗净切段；干辣椒切段；所有调料混合为调味汁备用。

3. 热一锅，加入色拉油加热至约160℃，放入鸡腿块以大火炸至鸡肉略呈金黄色捞出。

4. 锅中留少许油，放入蒜末、干辣椒段、葱段炒香，倒入调味汁，再放入鸡腿块炒约3分钟即可。

柱侯鸡肉煲

材料
鸡腿2只、葱2根、红辣椒1根、绿竹笋50克、姜片20克、蒜50克、色拉油少许

调料
老抽1匙、柱侯酱2大匙、细砂糖1茶匙、绍兴酒2大匙、水150毫升

做法
1. 鸡腿洗净，剁成小块，加入老抽抓匀，待腌渍上色；葱、红辣椒洗净切小段；绿竹笋洗净切滚刀块备用。
2. 热锅，倒入少许色拉油，以小火爆香姜片、葱段、红辣椒段、蒜。
3. 鸡腿块洗净老抽沥干，加入锅中炒至呈微焦黄，接着倒入柱侯酱、细砂糖、绍兴酒及水，盖上锅盖以小火煮约15分钟至汤汁浓稠即可。

咸鱼鸡粒豆腐煲

材料
鸡胸肉150克、豆腐块150克、咸鱼丁20克、姜末1/2茶匙、葱花1茶匙、色拉油100毫升

调料
蚝油1茶匙、细砂糖1/4茶匙、水淀粉2茶匙、水50毫升

腌料
老抽1/2茶匙、水20毫升、淀粉1茶匙、绍兴酒1/2茶匙、细砂糖1/4茶匙

做法
1. 鸡胸肉洗净切丁，加入腌料腌渍约15分钟。
2. 起锅，加入色拉油加烧至约120℃，放入鸡丁并搅拌至鸡丁变白即捞出。锅中留少许油，放入姜末、咸鱼丁爆香，至咸鱼变酥黄并有香味，加入水及所有调料、豆腐丁、炸好的鸡丁，煮约3分钟后加水淀粉勾芡。
3. 烧热砂锅，将所有材料盛入，撒上葱花即可。

嗜嗜鸡煲

材料
肉鸡腿	2只
泡发香菇片	40克
姜丝	20克
葱段	40克
蒜片	80克
红葱头片	30克
色拉油	200毫升

腌料
老抽	适量
淀粉	2大匙

调料
豆瓣酱	2茶匙
水	40毫升
蚝油	2茶匙
细砂糖	1茶匙
绍兴酒	2大匙
香油	1茶匙

做法
1. 肉鸡腿肉洗净切小块，倒入老抽略拌上色，加入淀粉拌匀，再加入少许色拉油拌匀。
2. 热锅，倒入稍多的油，放入鸡肉块以大火翻炒至表面呈透亮凝固状，起锅备用。
3. 另热锅，倒入少许油，放入蒜片、姜丝和红葱头片煎香，放入葱段炒香，再加入豆瓣酱拌炒到香味四溢，加入水炒开。
4. 续加入香菇片、细砂糖、蚝油及绍兴酒以大火炒开。
5. 砂锅烧热，倒入做法4后，淋入少许香油，略烧至水分收干即可。

美味关键 这是一道广东菜，因为上桌时会吱吱作响，所以有此名。

笋香鸡肉煮

材料

去骨鸡腿肉	300克
熟竹笋	300克
香菇	2朵
胡萝卜	100克
西蓝花	3小朵

调料

A

香油	适量

B

老抽	30毫升
味啉	20毫升
米酒	15毫升
老醋	30毫升
水	100毫升
细砂糖	10克

做法

1 去骨鸡腿肉洗净沥干切大块；所有调料B调匀成煮汁备用。

2 胡萝卜去皮洗净切滚刀块；熟竹笋切滚刀块备用。

3 西蓝花去粗纤维，放入沸水中汆烫，捞出泡入冷水中备用。

4 热锅，倒入香油烧热，放入鸡腿肉块以中火拌炒至鸡腿肉块收缩、肉色变白，加入竹笋块、胡萝卜块、香菇以及煮汁，翻炒均匀至煮汁变浓稠，食材上色入味，起锅盛盘以西蓝花装饰即可。

鸡肉笋尖煮

材料
去骨仿土鸡腿肉150克、熟嫩笋尖1只、胡萝卜刻花1片、柳松菇30克、菠菜1棵

调料
A 盐少许 B 水100毫升、米酒50毫升、老抽25毫升、细砂糖13克、柴鱼素2克 C 淀粉少许

做法
1. 柳松菇去根部略洗净；熟笋尖一开四，切长段备用；菠菜去根部洗净，放入沸水中氽烫至熟，冷却后挤干水分切段备用。
2. 去骨仿土鸡腿肉洗净，沥干水分切薄片，撒上少许盐，裹上一层薄薄的淀粉，备用。
3. 将所有调料B调匀，以中火煮至滚沸，放入胡萝卜刻花、氽熟笋尖段以及柳松菇，略煮均匀，再将鸡腿肉薄片逐片放入，煮约3分钟至鸡腿肉片熟透，关火，盛碗，摆上菠菜段装饰即可。

鸡肉梅风煮

材料
去骨仿土鸡鸡腿肉150克、腌渍梅干2颗、绿紫苏叶2片

调料
A 盐少许、胡椒粉少许、淀粉适量
B 水150毫升、米酒50毫升、老抽30毫升、细砂糖13克

做法
1. 去骨仿土鸡腿肉洗净沥干，斜切薄片，撒上少许盐和胡椒粉抓匀，裹上一层薄薄的淀粉备用。
2. 腌渍梅干剥散去籽；绿紫苏叶洗净切丝备用。
3. 热锅，倒入所有调料B调匀，煮至滚沸，放入腌渍梅干肉，并将鸡腿肉薄片一片片地放入，以小火煮约3分钟，关火盛盘，摆上绿紫苏叶丝装饰即可。

蚝油煎鸡脯

材料
去皮鸡胸肉200克、葱段适量、姜片10克、蒜片10克、色拉油80毫升

调料
蚝油2大匙、绍兴酒1茶匙、水100毫升、水淀粉2茶匙

腌料
盐1/4茶匙、细砂糖1/2茶匙、绍兴酒1茶匙、淀粉2茶匙、鸡蛋1/2 个

做法

1 去皮鸡胸肉洗净切成两片，加入腌料腌渍约15分钟备用。

2 热一锅，倒入色拉油以小火将腌好的鸡胸肉煎至呈黄色。

3 放入姜片、蒜片、水、蚝油、绍兴酒以小火煮约5分钟后捞出鸡胸肉，切片摆于盘中。

4 将锅中的汤汁以水淀粉勾芡，淋在鸡胸肉上，撒上葱段即可。

黑椒鸡脯

材料
鸡胸肉250克、色拉油20毫升、鸡蛋1/2个

调料
盐1/2小匙、细砂糖1/2小匙、淀粉1小匙、黑胡椒粒1大匙、米酒1大匙、香油1小匙

做法

1 鸡胸肉洗净并去骨及皮后切大块备用。

2 将所有调料拌匀后，加入鸡胸肉块腌渍约5分钟备用。

3 热一锅，放入色拉油，烧热后，再放入鸡胸肉块煎熟即可。

香料镶鸡翅

材料

鸡翅	8只
芹菜	40克
香菜梗	20克
红辣椒	10克
蒜末	10克
色拉油	100毫升

调料

A

老抽	1茶匙
细砂糖	1/2茶匙
米酒	1大匙

B

老抽	1大匙
细砂糖	1茶匙

美味关键　鸡翅也可选用两截翅，外形会更好看；做法6镶好的鸡翅可以冷冻保存，要吃时再入锅煎炸，但不能冷冻保存太久。

做法

1. 先将香菜梗、红辣椒、芹菜洗净切末备用。
2. 将鸡翅洗净去骨。
3. 将调料A调匀，加入去骨鸡翅腌渍备用。（鸡翅要用老抽腌渍过才会上色。）
4. 热锅加少许色拉油，放入香菜末、芹菜末、红辣椒末略炒，续加入调料B，炒至香气散出备用。
5. 将炒好的香料塞进腌渍好的鸡翅里，约塞5~6分满（香料的汤汁尽量不要填进鸡翅里，在煎的过程中会流失，容易造成油爆）。
6. 再用牙签像缝东西一样收口。
7. 另取一锅，加入适量色拉油烧热，放入做法6的鸡翅盖上锅盖，用半煎炸的方式煎鸡翅，将两面煎至上色，煎好后将牙签取出即可（因为镶鸡翅富含水分，所以为了避免油爆要盖上锅盖。也可以采用油炸方式，颜色会更均匀、更漂亮）。

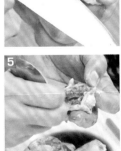

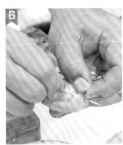

焦糖鸡翅

材料
鸡翅600克、柠檬片适量、色拉油适量

调料
盐适量、细砂糖25克

做法

① 鸡翅洗净沥干，撒上盐抹匀备用。

② 取锅，加入色拉油烧热，放入鸡翅煎至双面上色后取出备用。

③ 取锅，加入适量色拉油烧热，加入细砂糖煮至呈焦糖色，放入做法2的鸡翅裹至外观焦糖色且略呈拔丝状后摆盘，再放上柠檬片装饰即可。

干煎蒜味鸡腿

材料
去骨鸡腿排1只、杏鲍菇150克、红甜椒1/3个、黄甜椒1/3个、蒜3瓣、色拉油1小匙

腌料
蒜香粉1小匙、黑胡椒粉少许、盐少许、米酒少许

做法

① 将去骨鸡腿排洗净，用餐巾纸吸干水分后切大块，加入所有腌料，腌渍约15分钟备用。

② 杏鲍菇洗净切片；红、黄甜椒洗净切片；蒜洗净切小片备用。

③ 热一不粘锅，加入色拉油，放入腌好的鸡腿排，将两面煎至熟，接着加入做法2所有材料翻炒至熟即可。

孜然干煎鸡排

材料
去骨鸡腿排1只、红甜椒1/3个、香菇10克、西蓝花10克、色拉油1小匙、奶油1小匙

调料
Ⓐ 百里香少许、新疆孜然粉1小匙、盐少许
Ⓑ 黑胡椒粉少许

做法
❶ 将去骨鸡腿排洗净，再用餐巾纸吸干水分，加入调料A腌渍约10分钟备用。
❷ 取一个不粘锅，倒入奶油，放入腌好的鸡腿排，盖上锅盖以中小火煎熟，盛盘备用。
❸ 将红甜椒洗净切成条状；香菇和西蓝花都洗净放入沸水中，汆烫过水，捞起备用。
❹ 将汆烫好的蔬菜，以中火翻炒上色，捞起切块盛入做法2的盘中即可。

洋葱煎鸡排

材料
去骨鸡腿肉1只、蒜末5克、洋葱片40克、百里香1克

调料
Ⓐ 黑胡椒粉1/4茶匙、盐1/4茶匙
Ⓑ 番茄酱3大匙、细砂糖2茶匙、米酒2茶匙、水4大匙

做法
❶ 取一容器，将调料A混合拌匀，放入去骨鸡腿抓匀后，腌渍约20分钟备用。
❷ 取平底锅烧至温热，放入腌渍好的去骨鸡腿肉，以小火干煎约5分钟，表面呈金黄色即可翻面，续煎约4分钟后取出盛盘。
❸ 锅底留少许油，放入蒜末及洋葱片以小火爆香，再加入番茄酱略炒香，加入细砂糖、米酒及水，以小火煮沸约30秒呈稠状，再将酱汁淋至鸡腿排上即可。

香橙鸡腿排

材料
去骨鸡腿排2块、柳橙（切片）1个、色拉油20毫升

调料
A 胡椒粉1/4茶匙、盐1/4茶匙、米酒1茶匙
B 柳橙汁3大匙、白醋1大匙、细砂糖1.5大匙、盐1/8茶匙、水淀粉1茶匙、香油1大匙

做法
1. 去骨鸡腿排洗净沥干，取一容器，将调料A混合后，放入去骨鸡腿排沾抹均匀，腌渍20分钟备用。
2. 加热平底锅，倒入少许色拉油，放入腌鸡腿排，以小火干煎约4分钟，待表面呈金黄色后翻面，再续煎约4分钟，取出沥干油。
3. 将调料B的柳橙汁、白醋、细砂糖、盐，以小火煮开后用水淀粉勾薄芡，洒上香油再淋至鸡腿排上，并铺上柳橙片装饰即可。

酒香煎鸡翅

材料
二节翅10只、洋葱100克、红甜椒50克、姜10克、蒜4瓣、色拉油30毫升

调料
啤酒100毫升、盐1/2茶匙、细砂糖2茶匙

做法
1. 鸡翅洗净沥干水分后放入碗中，加入啤酒浸泡1小时后取出，啤酒留用；姜及蒜洗净切末；洋葱及红甜椒洗净切丝备用。
2. 热锅，倒入少许色拉油，将浸泡好的鸡翅煎至两面焦黄后取出。锅里放入少许色拉油，以小火爆香洋葱丝、红甜椒丝、姜末及蒜末炒香。
3. 锅中再放入鸡翅、啤酒、盐和细砂糖，以小火慢煮至汤汁收干后即可。

醋溜鸡杂

材料

鸡心	150克
鸡胗	150克
红辣椒	1个
葱	2根
小黄瓜	100克
胡萝卜	40克
姜片	5克
蒜片	5克
色拉油	适量

调料

A

老醋	3大匙
细砂糖	2大匙
米酒	1大匙
水淀粉	2茶匙

B

香油	1茶匙

做法

1. 鸡心及鸡胗洗净划十字切花，放入沸水中汆烫1分钟后取出沥干；红辣椒洗净去籽切片；葱洗净切段；小黄瓜、胡萝卜洗净去皮切片；调料A拌匀成兑汁备用。
2. 热锅倒色拉油，以小火爆香姜片、蒜片、葱段及红辣椒片，加入鸡心、鸡胗、胡萝卜片、小黄瓜片，以大火快炒约30秒。
3. 续于锅中倒入兑汁，并一面淋汁，一面快速翻炒，炒匀后再淋入香油即可。

香油鸡杂

材料

鸡心	150克
鸡肫	100克
鸡肝	100克
鸡肠	150克
老姜片	50克
豌豆苗	150克

调料

香油	80毫升
米酒	100毫升
水	500毫升
鸡精	2小匙
细砂糖	1/2小匙

腌料

蛋清	1大匙
老抽	1小匙
淀粉	1小匙

做法

1. 鸡心、鸡肫、鸡肝、鸡肠等食材切成花刀，以水冲洗干净备用。

2. 将做法1的材料与所有腌料混合均匀，腌渍后捞出食材放入沸水中，汆烫至表面呈白色，再次捞出清洗，沥干水分。

3. 豌豆苗洗净切段，放入沸水中汆烫至熟，捞出沥干水分，铺入盘中备用。

4. 起一炒锅，倒入香油与老姜片，以小火慢慢爆香至老姜片卷曲，再加入米酒、水与做法2的材料，以中火煮至沸腾后，再用鸡精、细砂糖拌匀调味，拌入豌豆苗即可。

PART 5

香醇入味的
下饭鸡肉料理

炖和卤一直是最受欢迎的下饭鸡肉料理的烹饪方法，也是很多经典菜色最常用的方法，而用蒸的方式不但能减少油脂，更能保持鸡肉的原汁原味。

粉蒸鸡

材料
去骨鸡腿1只、地瓜100克、蒸肉粉60克、姜末15克、蒜末10克、葱1根、香菜适量、色拉油1茶匙

调料
辣豆瓣酱1大匙、酒酿1大匙、老抽1/2茶匙、细砂糖1茶匙

做法
1. 去骨鸡腿洗净，切成约3X2厘米大小的块状备用。
2. 地瓜去皮洗净切小块；葱洗净切花备用。
3. 将鸡腿块与姜末、蒜末、所有调料拌匀，腌渍约15分钟后，加入蒸肉粉拌匀。
4. 取一深盘放入地瓜块，再铺上做法3的鸡腿肉，以中火蒸约20分钟后，取出撒上香菜及葱花即可。

香菇葱姜蒸鸡

材料
去骨鸡腿1只、香菇5朵、姜10克、葱1/2根

调料
蚝油1茶匙、盐1/4茶匙、淀粉1/4茶匙、绍兴酒1/2茶匙

做法
1. 去骨鸡腿洗净，切成约3X2厘米大小的块状。
2. 姜去皮洗净切菱形片；葱洗净切段；香菇泡软洗净切斜刀片备用。
3. 将鸡腿块、姜片、香菇片和所有调料拌匀，平铺在盘内，以大火蒸约15分钟，撒上葱段即可。

香菇蒸鸡

材料

带骨土鸡腿300克、干香菇6个、葱段15克

调料

蚝油1大匙、盐1/2茶匙、细砂糖1/4茶匙、淀粉1茶匙

做法

1. 鸡腿剁小块，洗净沥干，加入所有调料，腌渍约20分钟备用。
2. 干香菇泡水至软，去蒂洗净切斜片备用。
3. 将香菇平铺于盘内，再放上鸡腿块，放入蒸笼蒸约15分钟后取出，撒上葱段即可。

香菇香肠蒸鸡

材料

干香菇5片、香肠2根、仿土鸡去骨鸡腿1只、姜片3片

调料

老抽1大匙、米酒1大匙

做法

1. 干香菇洗净泡水至软洗净切片；香肠切片；鸡腿洗净切片后，加入老抽、姜片、米酒拌匀腌渍10分钟备用。
2. 将做法1的材料混合好，放入蒸碗中，再放入电饭锅，外锅加1杯水，盖上锅盖按下开关，待开关跳起即可。

盐焗鸡腿

材料
材料	
去骨仿土鸡腿	1只（约350克）
香菜末	1根
圆白菜丝	适量

腌料
腌料	
盐	1小匙
姜末	1小匙
米酒	1小匙

调料
调料	
客家橘酱	2大匙
蜂蜜	适量
柠檬汁	适量

做法
1. 将去骨仿土鸡腿的末端腿骨切除洗净后，以花刀在鸡腿肉上划刀并断筋。
2. 抹上少许盐、姜末及米酒腌渍。
3. 先将做法2的鸡腿肉卷起，再包卷上耐热保鲜膜，同时抓捏一下鸡腿肉。
4. 续取锡箔纸再包卷起来，将两侧扭紧密封。
5. 电饭锅预热后，于外锅中倒入2杯水，再放入鸡腿卷，盖上锅盖，蒸至开关跳起后，取出放凉，再放入冰箱中冷藏。
6. 将所有调料和香菜末调匀，即为盐焗鸡腿蘸酱。
7. 从冰箱中取出鸡腿卷，撕除锡箔纸和保鲜膜。
8. 将鸡腿卷切片，放入铺有圆白菜丝的盘中，食用时蘸取适量的盐焗鸡腿蘸酱即可。

荷叶蒸鸡

材料

荷叶	2张
仿土鸡腿肉	400克
泡发香菇	3朵
姜片	20克
冬笋	2支
火腿	50克

调料

A

蚝油	2大匙
细砂糖	1茶匙
淀粉	1大匙
米酒	2大匙
水	2大匙

B

香油	1大匙

做法

1. 将荷叶放入沸水中汆烫至软；电饭锅加水先预热备用。
2. 仿土鸡腿肉逆纹切成条状；香菇切条；火腿切成片状；冬笋切成条状备用。
3. 鸡肉加入调料A抓匀后再加入冬笋、香菇拌匀，最后加入香油备用。
4. 荷叶去蒂头，将荷叶一分为四，在荷叶离蒂头1/3处放上各一条鸡肉、香菇、冬笋、少许姜丝包卷成春卷状。
5. 将荷叶卷放于盘中，放入电饭锅中蒸约12分钟即可。

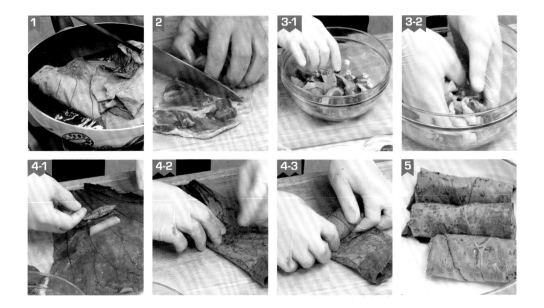

味噌蒸鸡

材料
鸡腿500克、鲜香菇80克、红辣椒1条、姜末5克、葱段20克

调料
味噌酱2大匙、细砂糖1茶匙、老抽1茶匙、淀粉1大匙、米酒2大匙、水2大匙、香油1茶匙

做法

❶ 鸡腿洗净剁小块；鲜香菇洗净切小块；红辣椒洗净切片备用。

❷ 将鲜香菇块放入沸水中汆烫，捞起沥干备用。

❸ 取一容器，将味噌酱、细砂糖、老抽、淀粉、米酒及水放入混合拌匀。

❹ 将鸡腿块、红辣椒片和姜末放入做法3的容器中一起拌匀。

❺ 最后在容器中放入香菇块和香油拌匀，放上葱段，再放入蒸笼内，以大火蒸约20分钟即可。

客家红糟蒸鸡

材料
土鸡320克、葱段20克、姜片20克

调料
红糟2大匙、米酒2大匙、细砂糖2大匙

做法

❶ 土鸡洗净，放入所有调料和葱段、姜片，腌渍35分钟备用。

❷ 将红糟腌土鸡放入蒸锅中蒸约25分钟。

❸ 将蒸鸡取出放凉，切片摆盘即可。

美味关键
因为红糟有清滞解腻的作用，所以客家人喜欢用红糟烧煮油多肥厚的鸡、猪肉类，用红糟醇厚的特殊风味提升肉类香味。

豉椒凤爪

📋 **材料**
鸡爪10只、红糖1大匙、色拉油1大匙、豆豉2大匙、蒜末1大匙、姜末1大匙

🥄 **调料**
蚝油1大匙、细砂糖1小匙、米酒1/2大匙

📖 **做法**

1. 鸡爪剁去指甲洗净后，过水汆烫捞出，加入红糖上色，再放入180℃的油锅中，以中火炸3分钟后起锅，泡入冷水中备用。

2. 取一锅，锅中加入色拉油热锅后，以小火爆香豆豉、蒜末、姜末，加入调料及做法1中的鸡爪，然后再以中火拌炒1分钟后，取出装盘。

3. 再放入蒸锅中，以中火蒸煮30分钟即可。

梅汁蒸鸡腿

📋 **材料**
棒棒腿3只、洋葱1/2个、胡萝卜1/5根、葱1根

🥄 **调料**
酒梅10粒、细砂糖1大匙、老抽1小匙、香油1小匙、盐少许、白胡椒粉少许

📖 **做法**

1. 将棒棒腿洗净切成大块，再放入沸水中汆烫过水备用。

2. 将洋葱洗净切成丝状；胡萝卜洗净切片；葱洗净切段备用。

3. 将汆烫好的鸡块放入混匀的调料中，腌渍约30分钟备用。

4. 再将腌好的鸡块连同调料以及做法2的材料一起放入电饭锅中，蒸约20分钟即可。

富贵全鸡

📋 材料

全鸡	2只
肉丝	50克
葱丝	80克
姜丝	30克
辣椒丝	10克
泡发香菇丝	30克
玻璃纸	1张
色拉油	20毫升

📋 调料

A

老抽	2大匙
绍兴酒	1大匙
沙姜粉	1/2茶匙

B

蚝油	2大匙
绍兴酒	2大匙
细砂糖	1/2茶匙
白胡椒粉	1/2茶匙

📋 做法

1. 用刀背将鸡腿骨及胸骨、背骨敲断,以防止骨头在蒸煮时因鸡肉收缩而刺破鸡皮。

2. 鸡肉用调料A抓匀,腌渍5分钟后备用。

3. 热锅,倒入色拉油,放入姜丝、香菇丝、葱丝、肉丝及辣椒丝炒香,续加入蚝油、绍兴酒、细砂糖、白胡椒粉,炒至汤汁略干,起锅沥干备用。

4. 将炒好的馅料塞至做法1的鸡腹中。

5. 取玻璃纸平铺,放上做法4的鸡,再用玻璃纸将鸡包好。

6. 将鸡肉放入蒸笼中蒸约1小时(或放入电饭锅中,外锅加2杯水),蒸至鸡肉熟软,取出后拆去玻璃纸装盘即可。

洋葱鸡肉煮

材料
土鸡肉块300克、洋葱块100克、杏鲍菇块30克、鲜香菇块20克、土豆块50克

调料
老抽2大匙、味啉2大匙、盐1/4小匙、水500毫升

做法
1. 鸡肉块放入沸水中略为汆烫，捞出沥干水分备用。
2. 热锅倒入少许油，放入洋葱块炒香，再放入杏鲍菇块、鲜香菇块以及土豆块拌炒至香味四溢。
3. 续于锅中加入所有调料以大火煮至滚沸，盖上锅盖留少许缝隙，转小火炖煮约20分钟即可。

和风炖嫩鸡

材料
去骨鸡腿肉300克、干香菇10朵、莲藕块50克、土豆块100克

调料
味啉50毫升、香菇老抽2大匙、水500毫升

做法
1. 去骨鸡腿肉洗净切大块，放入沸水中汆烫去血水，捞起冲水洗净备用。
2. 干香菇温水泡发后捞起。
3. 取炖锅，放入所有材料和调料，以小火炖煮约20分钟即可。

彩椒洋葱炖鸡

材料

去骨鸡腿肉	1片
洋葱	1/2个
红甜椒	1/2个
黄甜椒	1/2个
黑橄榄	3个
绿橄榄	3个
高汤	500毫升
奶油	适量

调料

盐	少许
胡椒粉	少许
意大利综合香料	适量

做法

1. 去骨鸡腿肉洗净，加入盐和胡椒粉抓匀备用。

2. 热锅，加入少许奶油加热至融化，将做法1的去骨鸡腿肉煎至两面上色，取出切块备用。

3. 红、黄甜椒洗净去籽，切条备用；洋葱洗净去皮，切丝备用；黑、绿橄榄切片备用。

4. 热锅，放入少许奶油加热至融化，加入洋葱丝，炒软炒香后依序加入红、黄甜椒条，炒香后加入黑、绿橄榄片、高汤以及意大利综合香料，煮至滚沸后转小火，加入做法2的去骨鸡腿肉块，以小火炖煮约30分钟至肉软烂即可。

蒜鸡

材料

土鸡肉	600克
蒜	100克
姜片	10克
色拉油	10毫升

调料

盐	1小匙
细砂糖	1/2小匙
米酒	1大匙
水	100毫升

做法

1. 土鸡肉洗净切块备用。
2. 蒜去膜洗净，切除头尾，备用。
3. 热锅，加入色拉油，放入蒜、姜片炒香，再加入鸡肉及所有调料炒匀。
4. 取一专用铝箔袋，装入做法3的材料，将封口密封包紧（可用棉绳或订书机绑紧），放入蒸锅中以大火蒸约25分钟即可。

笋菇砂锅鸡

🍲 材料
鸡腿肉500克、上海青5棵、笋块150克、香菇80克、葱段50克、姜片20克、蒜40克、色拉油15毫升

🍶 调料
蚝油3大匙、水400毫升、红葡萄酒50毫升

🍳 做法
1. 上海青洗净对切后放入沸水中汆烫至熟，捞出沥干水分；鸡腿肉洗净切块，放入沸水中汆烫一下，捞出后以水洗净。
2. 热一炒锅，放入色拉油，以小火爆香葱段、姜片、蒜后，盛出放入砂锅中垫底。
3. 笋块及香菇放入沸水中汆烫至熟后，放入砂锅中，再加入鸡腿块、蚝油、水，接着将砂锅放至炉上，以小火煮沸后再续煮约30分钟，最后淋入红葡萄酒，放入上海青，再煮约30秒钟即可。

西红柿鸡肉锅

🍲 材料
鸡腿肉600克、西红柿200克、蒜末10克、洋葱60克、色拉油10克

🍶 调料
盐1/8 匙、番茄酱4大匙、细砂糖1大匙、水200毫升

🍳 做法
1. 鸡腿肉洗净沥干，平均剁成约2厘米见方的小块；西红柿、洋葱洗净切块备用。
2. 热锅，倒入色拉油，放入洋葱块及蒜末，以中小火炒香，加入鸡腿块炒至肉色变白，再加入西红柿块及所有调料，盖上锅盖，转小火煮约20分钟即可。

奶芋烧鸡

材料

材料	用量
芋头	300克
仿土鸡腿	2只
葱段	50克
蒜	50克
红辣椒	20克
香菇	3朵
色拉油	200毫升

调料

调料	用量
老抽	2大匙
米酒	3大匙
细砂糖	1大匙
水	900毫升
牛奶	100毫升

做法

① 芋头去皮洗净切滚刀块；香菇、红辣椒切片。热锅，倒入稍多的色拉油，待油温烧热至150℃左右，放入芋头炸至表面略黄，起锅沥油备用。

② 锅中留少许油，用半煎炸方式爆香蒜，至表面呈淡金黄色。仿土鸡腿切块，备用。

③ 锅内加入鸡块拌炒后，加入葱段、红辣椒片、香菇片与老抽炒香。

④ 再加入米酒、细砂糖、水、芋头块，盖上锅盖焖煮40分钟。

⑤ 起锅前加入牛奶拌匀即可。

> **美味关键**　挑选芋头时，要选择双头尖尖的。切面的紫色丝越多越好，表示很松软。用指甲抠一下切面，抹在板子上，隔30秒后会像粉笔一样在黑板上留下痕迹表示淀粉质很多。

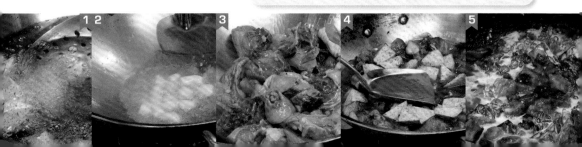

香酥芋鸡煲

材料
Ⓐ 土鸡450克、芋头250克、色拉油200毫升
Ⓑ 蒜10克、葱段5克、辣椒段5克

调料
老抽2大匙、细砂糖1小匙、米酒1大匙、水700毫升

做法
1. 土鸡洗净切块备用。
2. 芋头去皮洗净切块，放入150℃的油锅中略炸捞起备用。
3. 锅烧热，倒入色拉油，放入材料B炒香。
4. 将土鸡块和做法2、3的材料一起放入锅中，再放入所有调料焖煮35分钟即可。

美味关键 芋鸡煲中鸡肉吸收香芋的精华，好吃又下饭。芋头要先入锅油炸，炸过的芋头口感才会松软，芋鸡煲风味更好。

香菇炖鸡

材料
香菇100克、甜豆荚30克、去骨鸡腿肉450克、葱段20克、姜片10克、蒜10克、红辣椒片10克、粄条200克、色拉油200毫升

调料
蚝油2大匙、老抽1大匙、细砂糖1小匙、米酒1大匙、水500毫升

做法
1. 将香菇泡水至软洗净；甜豆荚去粗丝洗净；去骨鸡腿肉洗净切块备用。
2. 热锅，倒入色拉油，加入去骨鸡腿肉块炒至变色，加入葱段、姜片、蒜、红辣椒片及香菇爆香。
3. 加入所有调料焖煮至软烂，取出食材，留下汤汁，加入粄条与甜豆荚炒匀。
4. 将粄条与甜豆荚盛入砂锅中，再加入做法3取出的材料即可。

卤鸡胗

材料

鸡胗　　　30个
潮式卤汁　2000毫升
香油　　　1大匙

做法

① 鸡胗以刀划开后剥开，撕除中心黄色部分，洗净放入沸水中汆烫约1分钟捞出，再次冲凉后沥干。

② 潮式卤汁倒入锅中以大火煮沸，放入鸡胗，以小火续煮约20分钟，关火加盖浸泡约20分钟，捞出均匀刷上香油，放凉后放入保鲜盒中，盖好放入冰箱冷藏至冰凉即可。

潮式卤汁

卤包材料： 草果2颗、豆蔻2颗、沙姜10克、小茴香3克、花椒4克、八角5克、甘草5克、丁香2克

卤汁材料： 葱段50克、蒜20克、姜片20克、香菜梗20克、水1600毫升、老抽400毫升、蚝油100毫升、细砂糖120克、盐1大匙、米酒100毫升

做法： 1. 葱段、姜片拍扁; 蒜洗净去皮，拍扁。

2. 卤包材料放入棉布袋中包好。

3. 将做法1放入汤锅中，再加入其他卤汁材料与做法2卤包大火煮沸，转小火续煮约5分钟至香味散发出来即可。

辣味腐乳炖鸡

材料
鸡翅300克、洋葱块30克、葱段10克、上海青30克、色拉油15毫升、高汤500毫升

调料
豆腐乳3大匙、细砂糖1/2大匙

做法
1. 鸡翅洗净切大块,放入沸水中汆烫去血水,捞起冲水洗净备用。
2. 取锅注入色拉油,炒香洋葱块和葱段,放入炖锅中,再加入鸡翅、高汤、调料以小火炖煮约10分钟。
3. 将洗净的上海青放入炖锅内,盖上锅盖焖约1分钟即可。

红烧栗子炖嫩鸡

材料
鸡腿块300克、葱段5克、洋葱块30克、西红柿块20克、栗子100克、面粉1大匙、高汤500毫升、色拉油50毫升

调料
番茄酱1大匙、老抽1大匙、细砂糖1/2小匙、酒1大匙

做法
1. 鸡腿块洗净,均匀裹上面粉,放入油锅中以小火煎至呈金黄色,盛起备用。
2. 取炖锅,放入葱段、洋葱块、西红柿块、高汤、栗子和调料以小火炒香。
3. 再将炸好的鸡腿块放入炖锅中,以小火炖煮约15分钟即可。

茄苳鸡

材料

土鸡　　　1600克
茄苳叶　　300克
茶油　　　适量

调料

盐　　　1/3大匙
米酒　　3大匙

美味关键　用铝箔纸包裹全鸡时，可用2~3张来包裹，以避免中途纸破裂汤汁流出，但要注意也不要包裹太厚，或是厚薄不均，都会影响蒸煮熟度（或也可用铝箔袋包装）。

做法

① 土鸡去毛洗净、沥干，加入米酒抹匀，再撒入盐抹匀备用。

② 摘取茄苳叶，洗净沥干，备用。

③ 热锅，加入适量茶油，放入茄苳叶（留少许不炒），入锅拌炒至微软，再取出填入做法1的土鸡体内。

④ 取大张铝箔纸，放上土鸡，将预留未炒过的茄苳叶，均匀地铺盖在鸡身四面上，再将铝箔纸包起密紧。

⑤ 然后放入电锅中，外锅中加入400毫升水，盖上盖子按下开关，煮至开关跳起后焖约10分钟。再次重复加入400毫升水，盖上盖子按下开关，煮至开关跳起后焖约10分钟。取出并打开铝箔纸，将鸡汤汁取出淋在鸡身上，重复2至3次即可。

和风咖喱鸡

材料

鸡腿肉	1支
苹果	1个
土豆	1个
胡萝卜	半个
西蓝花	适量
姜末	10克
蒜末	10克
葡萄干	适量
色拉油	3大匙

调料

A

水	500毫升
咖喱块	60克
老抽	18毫升
细砂糖	10毫升

B

原味酸奶	60毫升

做法

1. 鸡腿肉洗净沥干，切成一口大小块状。

2. 苹果、土豆和胡萝卜洗净，去皮切块泡入水中备用。

3. 西蓝花洗净，分切成小朵，放入沸水中汆烫至翠绿色，捞起泡入冷水中备用。

4. 取锅，加入色拉油烧热，放入姜末、蒜末爆香后，放入鸡腿块肉煎至金黄色，加入西蓝花拌炒后，加入水煮至滚沸后，改中小火炖煮至食材变软，加入老抽、细砂糖调味，再放入咖喱块、西蓝花，搅拌至咖喱块完全融化，起锅前加入原味酸奶拌匀，撒上葡萄干即可。

韩式辣酱泡菜鸡

材料
鸡腿2只、韩式泡菜100克、韭菜6根、黄豆芽100克、高汤500毫升、韩国辣酱1大匙、色拉油10毫升

调料
老抽1大匙、米酒1大匙、细砂糖1小匙、味啉1大匙、盐1/4小匙

做法
1. 鸡腿洗净切块，放入沸水中氽烫去血水，捞起冲水洗净。
2. 韩式泡菜切段；韭菜洗净切段；黄豆芽挑去根部备用。
3. 取锅，放入泡菜略翻炒，加入鸡腿块、韩国辣酱和全部调料翻炒。
4. 接着倒入高汤，煮15分钟后放入韭菜段和黄豆芽即可。

泰式酸辣鸡

材料
鸡腿2只、竹笋150克、葱2根、香菜10克、香茅2根、红辣椒1条、蒜末1小匙、柠檬叶4片、椰奶100毫升、柠檬汁1大匙、色拉油1大匙

调料
鱼露2大匙、细砂糖1大匙、水300毫升、泰式酸辣汤酱2大匙

做法
1. 鸡腿洗净切块，放入沸水中氽烫去血水，捞起冲水洗净。
2. 竹笋洗净切片；葱洗净切段；香茅洗净取茎部拍破；红辣椒洗净切片备用。
3. 取炒锅，放入色拉油和蒜末翻炒，放入炖锅中，加入鸡块、水、泰式酸辣汤酱、调料、香茅、柠檬叶以小火炖煮10分钟。
4. 接着加入椰奶、柠檬汁、红辣椒片和青葱段煮5分钟后，撒上香菜即可。

椰浆咖喱鸡腿

材料
棒棒腿3只、土豆1个、胡萝卜50克、洋葱1/2个、蒜3瓣、姜15克、色拉油1大匙

调料
盐少许、白胡椒粉少许、咖喱粉1大匙、细砂糖少许、鸡精1小匙、椰浆1瓶、白开水适量

做法
① 将棒棒腿洗净切成小块状，放入沸水中汆烫2分钟，捞出沥干水分，备用。

② 土豆去皮洗净切小块；胡萝卜洗净切滚刀；洋葱洗净切丝；蒜洗净切丁；姜洗净切片备用。

③ 热一炒锅，加入色拉油，接着放入做法2的所有材料以中火爆香，再加入棒棒腿与所有调料，转中小火煮约15分钟至汤汁变少呈浓稠状即可。

芋头椰汁鸡块

材料
鸡腿2只、芋头150克、葱1根、甜豆6条、玉米笋少许、姜片4片、高汤400毫升、椰汁50毫升、色拉油200毫升

调料
盐1小匙、细砂糖1/4小匙

做法
① 鸡腿洗净切块，放入沸水中汆烫去血水，捞起冲水洗净。

② 芋头去皮洗净切滚刀块；葱洗净切段；甜豆、玉米笋洗净切斜段。

③ 热油锅，将芋头块放入锅中，以小火炸至表面呈金黄色，捞起沥油备用。

④ 取炖锅，放入鸡腿块、姜片、高汤和调料煮约15分钟。

⑤ 加入芋头块煮5分钟后，加入椰汁和甜豆、玉米笋煮至滚沸，再加入葱段即可。

辣味椰汁鸡

材料

去骨鸡腿肉	1片
红辣椒	1个
葱	1根
柠檬	1个
鸡高汤	150毫升
椰奶	30毫升
沙嗲酱	3匙
奶油	少许

调料

盐	适量
胡椒粉	适量

做法

① 去骨鸡腿肉洗净切块，加入盐和胡椒粉抓匀备用。

② 热锅，放入少许奶油加热至奶油融化，放入去骨鸡腿肉块煎至上色。

③ 红辣椒、葱洗净切片；柠檬洗净，刮下柠檬皮后再取柠檬汁备用。

④ 热锅，加入少许奶油，放入红辣椒片、葱片炒香，加入去骨鸡腿肉块略炒。

⑤ 于锅中加入沙嗲酱炒香，加入高汤、柠檬汁、柠檬皮以及椰奶，以小火炖煮约20分钟，加入调料拌匀即可。

红酒蘑菇炖鸡

材料
蘑菇150克、鸡腿肉600克、蒜末20克、洋葱60克、西芹50克、色拉油2大匙

调料
红酒200毫升、水300毫升、盐1/2茶匙、细砂糖1大匙

做法

1. 鸡腿剁小块，汆烫后沥干；洋葱及西芹切小块备用。
2. 热锅，倒入色拉油，放入蒜末、洋葱块及西芹块，以小火爆香后，放入鸡腿块及蘑菇炒匀。
3. 加入红酒及水，煮沸后盖上锅盖，转小火续煮约20分钟。
4. 煮至鸡肉熟后，加入盐及细砂糖调味，煮至汤汁略稠即可。

奶油洋芋炖鸡

材料
去骨鸡腿肉1片、鸡胸肉280克、土豆2个、洋葱1/2个、香菇3朵、鲜奶油300毫升、高汤100毫升、月桂叶3片、色拉油10毫升

调料
盐适量、胡椒粉少许

做法

1. 热锅，加入少许鲜奶油加热至融化，依次将去骨鸡腿肉和鸡胸肉煎至两面上色，取出切块备用。
2. 土豆洗净去皮切块，香菇洗净切片，洋葱洗净去皮切片备用。
3. 热锅，加入月桂叶和洋葱片、香菇片炒香，倒入鲜奶油和高汤，稍煮后加入煎好的去骨鸡腿肉块、鸡胸肉块以及土豆块，以小火炖煮约30分钟至所有食材变软后，加入调料拌匀即可。

意式蘑菇炖鸡

材料
去骨鸡腿肉1片、洋葱1/2个、蘑菇100克、香菇
100克、黑橄榄5颗、高汤500毫升、奶油适量

调料
盐适量、胡椒粉适量、番茄酱1罐

做法
1. 去骨鸡腿肉洗净，加入盐和胡椒粉抓匀；热
   锅，加入少许奶油加热至融化，将去骨鸡腿
   肉煎至两面上色，取出切块；洋葱洗净去皮
   切丁；蘑菇、香菇洗净切厚片备用。
2. 热锅，放入少许奶油加热至融化，加入
   洋葱丁炒至软化，加入香菇片、蘑菇片炒
   香，再加入黑橄榄、番茄酱及高汤，煮至
   滚沸后加入煎好的去骨鸡腿肉块，以小火
   煮约30分钟至去骨鸡腿肉软烂，加入调料
   拌匀即可。

葱烧鸡翅

材料
鸡翅6只、洋葱片50克、葱段20克、蒜6瓣、色
拉油1大匙、姜片10克、烫熟的西蓝花适量、烫
熟的胡萝卜片适量

调料
水500毫升、老抽100毫升、细砂糖2大匙、水淀
粉适量、香油少许、米酒50毫升

做法
1. 容器中放入洗净沥干的鸡翅和老抽泡至上
   色后腌渍15分钟，再放入180℃的油锅，以
   中火炸至外观呈金黄色，取出沥油备用。
2. 另取锅烧热，加入色拉油后，放入洋葱片爆
   香，加入葱段、蒜瓣和姜片拌炒后，加入水、
   老抽和细砂糖拌匀，放入炸好的鸡翅焖煮
   30分钟，续于锅中倒入水淀粉，淋入香油
   和米酒，待汤汁略收干盛盘，再放入烫熟
   的西蓝花和胡萝卜片即可。

土窑鸡

🍲 材料

土鸡肉	500克
葱段	10克
姜片	10克
当归	1片
淮山	3片
枸杞	1小匙

🍶 调料

盐	1小匙
细砂糖	1/2小匙
米酒	3大匙

📋 做法

1. 土鸡肉洗净切块，放入沸水中汆烫后，捞起沥干，装入专用铝箔袋中备用。

2. 葱段、姜片洗净，装入做法1的袋中；当归、淮山、枸杞也装入做法1的袋中，接着加入所有调料后，将封口密封包紧（可用订书机或棉线封口）。

3. 将袋内食材摇晃均匀，放入蒸锅中以大火蒸约30分钟即可。

美味关键　正统的土窑鸡是放入传统的窑中焖煮，但如果要改成家庭式做法，也可以放入蒸锅或电饭锅中煮熟，风味同样很好。中药材也可购买四物药包，直接放入袋中一起蒸熟，风味也不错！

玫瑰油鸡

材料
仿土鸡腿1只、鸡骨架3个、姜片30克、卤包1个、葱段10克

调料
老抽100毫升、细砂糖80克、绍兴酒100毫升、盐5克、水500毫升

做法
1. 仿土鸡腿及鸡骨架，以沸水氽烫去除血水后，洗净备用。
2. 取一锅加入水、姜片、葱段、鸡骨架、卤包及所有调料，以大火煮约20分钟，使卤包煮出味。
3. 放入仿土鸡腿、鸡骨架，转小火煮约5分钟后，关火盖锅盖焖约15分钟即可。

烧鸡

材料
A 土鸡700克、色拉油适量
B 葱段10克、姜片30克、红葱头10克、蒜5瓣、红辣椒1根
C 八角2粒、花椒5克、桂皮5克

调料
盐2大匙、老抽100毫升、细砂糖50克、米酒4大匙、水3000毫升、甘草5克

做法
1. 土鸡洗净去毛，放入160℃油锅中，略炸后捞起，备用。
2. 热油锅，放入所有材料B一起入锅爆炒香，再加入所有材料C一起炒香，接着加入所有调料拌煮匀，再放入炸好的土鸡一起煮。
3. 用小火慢慢炖卤，卤约45分钟至入味后关火，捞起土鸡待凉后再剁块盛盘即可，食用时可另加入香菜配色。

香卤棒棒腿

材料

棒棒腿3只、姜10克、葱1根、洋葱1/3个、红辣椒1个、色拉油1大匙、八角2粒

调料

老抽40毫升、细砂糖1大匙、香油1小匙、五香粉1小匙、丁香2粒、甘草5克、水500毫升

做法

1 将棒棒腿洗净，再放入沸水中汆烫过水捞起备用。

2 姜洗净切片；葱洗净切段；洋葱洗净切成大片；红辣椒洗净切段备用。

3 取一个汤锅加入色拉油烧热，加入做法2的所有材料以中火爆香。

4 再加入所有调料与汆烫好的棒棒腿，盖上锅盖，以中小火煮约15分钟即可。

卤鸡块

材料

鸡腿1只、胡萝卜1/2个、鲜香菇4朵、豌豆荚适量、葱段10克、色拉油2大匙

调料

老抽50毫升、蚝油30克、细砂糖2大匙、米酒30毫升、水300毫升

做法

1 鸡腿洗净切块；胡萝卜洗净切滚刀块；鲜香菇洗净切四等份备用。

2 备油锅，放入鸡腿块炒至上色，再放入胡萝卜块、香菇块略拌炒。

3 另热锅倒入色拉油，放入葱段爆香至微焦，放入除水以外的所有调料炒香后，移入深锅加入水煮至滚沸即为卤汁。

4 续于做法2锅中加入300毫升卤汁煮至沸腾后，转小火煮至汤汁略收，再放入豌豆荚装饰即可。

红曲卤鸡肉

材料

鸡胸肉300克、红甜椒1/2个、黄甜椒1/2个、小黄瓜1/2根、蘑菇4朵、葱1根、蒜5瓣、色拉油1大匙

调料

老抽100毫升、蚝油30克、细砂糖2大匙、米酒30毫升、红曲酱1.5大匙、水500毫升

做法

1. 将鸡胸肉洗净切块；红甜椒、黄甜椒、小黄瓜洗净切块；蘑菇洗净对切；葱洗净切段备用。

2. 热锅，加入色拉油，放入葱段和蒜炒香后，加入小黄瓜块，再加入鸡胸肉块炒至上色。

3. 续于锅中加入调料和红、黄甜椒块、蘑菇煮至滚沸后，改转小火煮至汤汁略收、鸡肉块软烂即可。

绿竹笋卤鸡肉

材料

鸡肉块450克、绿竹笋150克、葱段20克、红辣椒1个、色拉油15毫升、八角2粒、花椒3克

调料

甘草3克、丁香2克、卤包适量、老抽2大匙、盐1小匙、米酒3大匙、水1000毫升

做法

1. 鸡肉块洗净；红辣椒切片，绿竹笋洗净切成块状用沸水汆烫备用。

2. 热油锅，加入红辣椒片和葱段炒香，放入鸡肉块续炒，加入花椒、八角和所有调料后，再移入炖锅中。

3. 在炖锅中，加入卤包和绿竹笋，用大火煮沸后，转小火盖上盖子，卤50分钟即可。

茄子卤鸡块

材料
鸡肉块300克、茄子100克、蒜5瓣、葱段30克、色拉油200毫升

调料
老抽2大匙、细砂糖1小匙、盐1/2小匙、水500毫升

卤包
八角2粒、花椒3克、甘草2克、月桂叶2克、桂枝5克

做法
1. 茄子洗净切圆段，起油锅炸香，捞起备用。
2. 热油锅，加入蒜瓣、葱段和鸡肉块炒香，放入所有调料。
3. 在炖锅中，加入卤包，用大火煮沸后，转小火盖上盖子，卤20分钟。
4. 起锅前再放入炸茄子卤5分钟即可。

蜂蜜卤鸡腿

材料
鸡腿600克、葱段10克、香吉士片适量、蜂蜜2大匙、水700毫升、色拉油少许

调料
老抽50毫升、生抽1/2大匙、米酒3大匙

做法
1. 将香吉士片放入瓶中，与蜂蜜混合。
2. 鸡腿洗净沥干，放入油锅中炸约2分钟后捞起沥油备用。
3. 热锅，加入少许色拉油，放入葱段爆香，加入鸡腿、老抽、生抽、米酒拌炒均匀，再加入水煮滚，以小火卤20分钟后放入做法1的材料，卤至入味即可。

卤鸡爪

🍴 材料

肉鸡爪	1200克
葱丝	少许
红椒丝	少许
色拉油	1小匙

🥄 调料

香油	适量
红卤汁	适量

📖 做法

① 鸡爪洗净后剪去指甲，煮一锅开水放入鸡爪氽烫1分钟后冲凉后沥干。

② 红卤汁煮沸后放入鸡爪，关小火让卤汁保持在略滚状态，约3分钟后关火浸泡20分钟后，捞起淋入香油盛盘，撒上葱丝和红辣丝装饰即可。

红卤汁

材料： 葱3根、姜20克、水1600毫升、陈皮1茶匙、草果2颗、八角15克、花椒10克、桂皮8克、沙姜15克、丁香5克、小茴3克、甘草5克、香叶3克、月桂叶5克、老抽600毫升、细砂糖120克、米酒100毫升

做法： 1. 将葱洗净切段；姜洗净拍扁备用。

2. 取锅，加油烧热，放入做法1的材料爆香炒至外观微焦黄后，移入汤锅中。

3. 先于做法2锅中加入水，再将全部材料放入锅中，加入老抽、细砂糖和米酒，煮至滚沸后，改小火煮约40分钟。

4. 将锅内材料过滤后，即为红卤汁。

辣味鸡翅冻

📋 材料
二节翅	10只
卤汁	2000毫升
色拉油	3大匙

🧂 调料
辣椒粉	2大匙
香油	1大匙

📇 做法
1. 二节翅洗净放入沸水中汆烫约1分钟后捞出，再次冲凉沥干。
2. 卤汁倒入锅中以大火煮至滚沸时，加入辣椒粉拌匀，再放入二节翅，以小火续煮约10分钟，关火加盖浸泡约10分钟。
3. 捞出做法2的二节翅均匀刷上香油，放凉后放入保鲜盒中，盖好放入冰箱中冷藏至冰凉即可。

冰镇卤汁

材料： Ⓐ 草果2颗、八角10克、桂皮8克、沙姜15克、丁香5克、花椒5克、小茴香3克、陈皮8克、罗汉果1/4颗、香叶3克、香菜茎20克

Ⓑ 葱2根、蒜40克、姜片50克、水3000毫升、老抽800毫升、细砂糖200克、米酒50毫升

做法： 1. 葱洗净后切段拍扁；姜片洗净拍扁；蒜洗净去皮拍扁。

2. 将草果拍碎，与其他材料A一起放入棉布袋中包好。

3. 热锅，倒入约3大匙色拉油烧热，放入做法1的材料中以小火爆香，再加入其他材料B与做法2卤包，以大火煮至滚沸，转小火续煮约10分钟，至香味散出即可。

嫩姜焖鸡

材料
Ⓐ 土鸡450克、色拉油1大匙
Ⓑ 嫩姜60克、辣椒10克

调料
黄豆酱1大匙、老抽1大匙、细砂糖1小匙、米酒
1大匙、水700毫升

做法
① 土鸡洗净切块；嫩姜切片；辣椒切片备用。
② 锅烧热，倒入1大匙色拉油，放入材料B炒香。
③ 加入土鸡块和所有调料，焖煮25分钟至入
味即可。

美味关键 　仔姜就是嫩姜，每年入夏是嫩
姜上市的季节，利用红烧的方式，
把鸡块、姜片加入老抽、酒、细砂
糖等调料，烧得皮香肉烂，鸡块和
嫩姜片好吃入口。

葱烧鸡翅

材料
鸡翅500克、洋葱丝100克、葱段15克、色拉油
2大匙

调料
Ⓐ 老抽1/2大匙、米酒1大匙
Ⓑ 老抽3大匙、盐1/4小匙、细砂糖1/2小匙、米
酒1大匙、水500毫升

做法
① 将鸡翅洗净，加入老抽、米酒腌渍10分钟。
② 将腌渍好的鸡翅，放入热油锅中炸至上
色，捞出备用。
③ 热锅加入2大匙色拉油，放入洋葱丝及葱段
爆香，加入鸡翅及调料B煮沸，以小火炖煮
约30分钟至软烂即可。

茶香卤鸡翅

材料
鸡翅5只、葱2根、姜20克

调料
老抽500毫升、细砂糖100克、绍兴酒100毫升、水1500毫升、香油适量

卤包
草果1颗、八角5克、桂皮6克、月桂叶3克、甘草4克、沙姜6克、乌龙茶叶15克

做法

① 卤包材料放入棉袋中绑紧；鸡翅洗净沥干，放入沸水汆烫1分钟后捞出，放入冷水中洗净。

② 葱、姜洗净拍松放入锅中，倒入水煮至滚沸，加入老抽。再次煮沸，加入细砂糖、卤包，小火煮5分钟，再倒入绍兴酒即为茶香卤汁。

③ 取内锅倒入500毫升茶香卤汁及鸡翅，外锅加1/2杯水，按下开关待跳起后，开锅盖浸泡10分钟即可。

卤七里香

材料
鸡臀尖600克、姜片10克、葱段10克、色拉油2大匙、干辣椒5克、八角2粒、桂皮5克

调料
老抽100毫升、细砂糖60克、米酒50毫升、水800毫升

做法

① 鸡臀尖洗净，放入沸水中汆烫约5分钟，泡水除去多余的杂毛备用。

② 热锅，加入色拉油，放入姜片及葱段爆香，再放入干辣椒、八角及桂皮炒香。

③ 续于锅中放入做法1的鸡臀尖拌炒，再加入除水以外的所有调料炒香，加入水煮沸后，转小火煮约30分钟，再关火浸泡30分钟即可。

PART 6

外酥内嫩的
风味鸡肉料理

　　店家的熏鸡、烤鸡、炸鸡美味诱人，究竟要怎么做才能如此外酥里嫩、色香味俱全呢？其实是有很多秘诀的，虽然复杂了点，但当您吃到吮指回味的鸡肉料理时，一切都值得了。

泰式烤鸡腿

材料
去骨鸡腿肉160克、香菜碎5克、蒜碎5克、西红柿片适量、切花的水煮洋芋片适量、罗勒叶少许

调料
鱼露20克、白胡椒粉适量、咖喱粉20克、椰奶50毫升、细砂糖5克

做法
1. 取一钢盆，放入所有调料混合调匀，再将香菜碎、蒜碎混合拌匀，放入去骨鸡腿肉腌渍约30分钟。
2. 将腌好的鸡腿放入250℃的烤箱中烤约20分钟即可。
3. 取盘，依次排入西红柿片、切花的水煮洋芋片、烤好的去骨鸡腿肉和罗勒叶即可。

泰式香辣翅小腿

材料
鸡翅小腿300克、低筋面粉2大匙、色拉油200毫升

调料
A 黑胡椒粉少许、香蒜粉1小匙、米酒1大匙、辣椒粉少许、鱼露2小匙、细砂糖1小匙
B 泰式辣味鸡酱1大匙

做法
1. 鸡翅小腿加入调料A拌匀腌渍约15分钟，均匀地沾上低筋面粉。
2. 取一锅，倒入色拉油，以中火将油温烧至170℃，将鸡翅小腿放入锅中，炸约6分钟后取出，沥干油分。
3. 趁鸡翅小腿温热时加入泰式辣味鸡酱拌匀即可。

甘蔗熏鸡

材料
白斩鸡	1/2只
甘蔗	150克

调料
盐	1大匙
米酒	2大匙

熏料
中筋面粉	50克
细砂糖	50克
葱段	20克
姜片	20克
八角	2粒

做法
① 甘蔗用刀背拍碎、切段备用。
② 白斩鸡趁热抹上盐、米酒，备用。
③ 取一锅，铺上铝箔纸，再依次放入所有熏料，加上做法1的甘蔗段，放入网架后，将做法2的白斩鸡趁热放在网架上，最后盖上锅盖。
④ 将做法3开大火烟熏，待锅盖边缘冒出微烟，接着冒出浓烟时，改小火，熏约四五分钟后取出，待凉后剁块盛盘即可。

美味关键

烟熏过程中须偶尔移动锅，让熏料完全受热均匀，并注意过程中不能打开盖子，否则味道会散失。

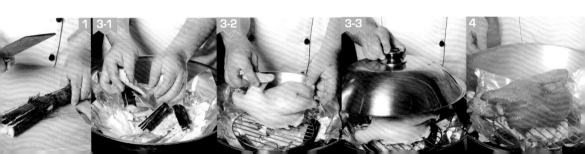

芝麻炸鸡块

材料
带骨鸡胸肉	500克
葱段	15克
蒜	15克
洋葱丝	15克
姜片	10克

炸粉
蛋黄	1个
低筋面粉	3大匙
在来粉	2大匙
地瓜粉	2大匙
白芝麻	25克

腌料
蚝油	1小匙
盐	1/2小匙
细砂糖	1小匙
米酒	1大匙
白胡椒粉	少许
百草粉	少许

做法
1. 带骨鸡胸肉切成块后洗净，沥干备用。
2. 葱段、蒜洗净拍扁备用。
3. 取一个大容器，放入鸡胸肉块，加入腌料、葱段、蒜和洋葱丝拌匀，盖上保鲜膜，腌渍约1小时。
4. 将腌渍好的鸡胸肉块加入打散的蛋黄、低筋面粉、在来粉和地瓜粉拌匀，静置约10分钟，加入白芝麻拌匀。
5. 烧一锅油，待油温升至约170～180℃时，放入鸡胸肉块，待定型后转中火，炸约4分钟至表面呈金黄酥脆后捞起沥油。
6. 待油温回升至170℃～180℃后，将鸡胸肉块再次放入油锅中，回炸约10秒钟，再捞出沥油即可。

塔香炸鸡丁

材料
鸡胸肉2片、蒜3瓣、去皮花生仁1大匙、红辣椒片1/3条、罗勒碎适量、色拉油300毫升

调料
盐少许、白胡椒少许、老抽1小匙、香油1小匙

腌料
米酒1大匙、香油1大匙、淀粉1大匙、细砂糖少许、盐少许、白胡椒少许

做法
1. 将鸡胸肉洗净切成小丁；所有腌料材料一起加入容器中搅拌均匀备用。
2. 将切好的鸡胸肉丁放入腌料中，抓麻约15分钟，接着放入约180℃的油锅中炸成金黄色，捞出沥油。
3. 起锅，加入色拉油，放入蒜、红辣椒片爆香，接着放入做法2的鸡胸肉丁与所有调料炒匀，最后放入花生、罗勒碎炒匀即可。

腐乳炸鸡

材料
肉鸡腿3只、蒜末1茶匙、面粉10克、鸡蛋1个、色拉油300毫升

调料
红豆腐乳1块、细砂糖1大匙、老抽1/2茶匙、米酒1大匙、淀粉30克

做法
1. 肉鸡腿洗净切块，加入蒜末、腐乳（压成泥）及其余调料，腌渍约30分钟。
2. 将腌好的鸡腿块加入面粉、淀粉、鸡蛋液拌匀。
3. 热一锅，倒入色拉油加热至约160℃，放入鸡腿块，以中火炸约6分钟后捞出即可。

椒盐鸡柳条

材料

去皮鸡胸肉280克、牛奶50毫升、葱花80克、蒜末30克、红辣椒末30克、色拉油300毫升

调料

Ⓐ 盐1/2茶匙、白胡椒粉1/4茶匙
Ⓑ 盐1/2茶匙、淀粉100克

做法

❶ 去皮鸡胸肉洗净切成约铅笔粗细的条状，放入碗中，加入牛奶冷藏浸泡20分钟后取出沥干。然后撒上调料A的盐及白胡椒粉抓匀调味。

❷ 将调味过的鸡胸肉条裹上玉米粉，静置半分钟反潮。

❸ 热油锅至180℃，鸡胸肉条下锅，大火炸至金黄酥脆后捞出沥干油。锅底留少许油，放入葱花、蒜末及红辣椒末炒香，再加入鸡胸肉条，撒上调料B的盐炒匀即可。

柠檬鸡柳条

材料

鸡柳条80克、色拉油适量

调料

Ⓐ 细砂糖1/4茶匙、柠檬汁10毫升、鸡蛋液10毫升、牛奶20毫升、柠檬胡椒粉1/4茶匙
Ⓑ 玉米粉2大匙、柠檬皮末少许

做法

❶ 调料A混合拌匀后，加入鸡柳条腌渍约10分钟，再加入调料B拌匀。

❷ 热锅，倒入适量色拉油，油温热至150℃时，将鸡柳条放入油锅中，以中火炸至表面金黄且熟透即可。

蒜香炸鸡腿

材料
大鸡腿	2只
蒜	50克
苹果	1/2个
蜜梨	1/2个
葱段	15克
香菜梗	5克
鸡蛋	1/2个

炸粉
低筋面粉	20克
地瓜粉	适量
鸡蛋液	适量

调料
A
老抽	1小匙
白胡椒粉	1/4小匙
盐	1小匙
米酒	2大匙
细砂糖	1小匙
肉桂粉	少许

B
水	50毫升

做法
1. 大鸡腿洗净，于肉较厚处划一刀；苹果和蜜梨皆洗净去籽切片。
2. 蒜洗净切末，放入锅中，炒至上色且香味散出，即可盛出沥油。
3. 将苹果片、蜜梨片、葱段、香菜梗、蒜末和水，放入所有调料A，搅打均匀成腌汁。
4. 取一容器，倒入腌汁，放入大鸡腿拌匀，盖上保鲜膜并放入冰箱冷藏腌渍约一天。
5. 将鸡腿取出，放入打散的鸡蛋液、低筋面粉拌匀，再取出沾裹上地瓜粉，静置回潮约10分钟。
6. 烧一锅油，待油温上升至约170～180℃时，放入鸡腿，炸约10～12分钟至表面呈金黄酥脆后捞起沥油即可。

美味关键 蒜先炒或炸过后再放入调理机中搅打，香味会比较浓，用来腌鸡腿别有一番风味。

碳烤鸡排

鸡胸肉1块、地瓜粉适量、色拉油300毫升、蒜泥1大匙

老抽1大匙、五香粉少许、白胡椒粉少许、肉桂粉少许、盐1/2小匙、细砂糖1/2小匙、米酒1大匙、水3大匙

❶ 鸡胸肉洗净切开成2大片；调料混合均匀成腌烤酱，取一部分腌烤酱放入鸡胸肉中腌渍约3小时备用。

❷ 将腌好的鸡排均匀沾裹上地瓜粉，以中小火炸熟至上色捞出沥干。

❸ 将炸好的鸡排放在烤肉架上烘烤，边烤边刷上适量做法1剩余的腌烤酱，至香味溢出翻面再烤，续涂上腌烤酱，至上色入味即可。

蒜香鸡

肉鸡腿3只、蒜50克、面粉10克、吉士粉5克、鸡蛋1个、色拉油300毫升

盐1茶匙、细砂糖1/2茶匙、米酒1大匙、淀粉30克、水200毫升

❶ 肉鸡腿洗净切块；蒜洗净加水用果汁机打成汁，滤渣留汁备用。

❷ 将蒜汁加入所有调料，放入切好的肉鸡腿块腌渍约6小时备用。

❸ 倒掉做法2中多余的蒜汁，加入面粉、淀粉、吉士粉、鸡蛋液拌匀。

❹ 热一锅，倒入色拉油加热至约160℃，放入拌好的肉鸡腿块，以中火炸约6分钟至表面金黄后捞出即可。

辣味炸鸡翅

🍲 材料

鸡翅	5只
色拉油	300毫升

🍵 腌料

盐	1/2茶匙
细砂糖	1茶匙
香蒜粉	1/2茶匙
洋葱粉	1/2茶匙
肉桂粉	1/4茶匙
辣椒粉	1/2茶匙
米酒	1大匙

🍱 炸粉

淀粉	1/2 杯
水	25毫升

📖 做法

1. 鸡翅洗净后剪去翅尖沥干备用。
2. 将所有腌料和炸粉材料一起放入盆中，拌匀成稠状腌汁；将鸡翅放入腌汁中腌渍1小时。
3. 热油锅，待色拉油温烧至约180℃，放入腌渍好的鸡翅，以中火炸约13分钟，至表皮呈金黄酥脆时捞出沥干油即可。

美味关键　　鸡翅的翅尖一般不食用，所以可以在腌渍前先剪除，也能让鸡翅较好地入味。

鸡米花

材料

去骨鸡胸肉	600克
色拉油	300毫升

炸粉

低筋面粉	1杯
淀粉	1杯
糯米粉	1杯
泡打粉	1茶匙
盐	1茶匙
细砂糖	3茶匙
香蒜粉	1大匙

腌料

水	40毫升
鸡蛋	1个
小豆蔻粉	1/4茶匙
洋葱粉	1/2茶匙
香蒜粉	1/2茶匙
姜母粉	1/2茶匙
盐	1/2茶匙

做法

① 去骨鸡胸肉洗净后去皮切成小块。

② 将所有的炸粉材料混合后过筛备用。

③ 取一大容器，将所有腌料加入，混合调匀成腌汁，再将鸡胸肉块放入腌汁中，腌渍约1小时。

④ 取出鸡胸肉块沥干，均匀地沾裹炸粉，再静置30秒反潮备用。

⑤ 热锅倒入色拉油，待油温烧热至约180℃后，放入鸡胸肉块，以中火炸约3分钟至表皮呈金黄酥脆，捞出沥干油即可。

五香炸鸡腿

🍱 **材料**

鸡腿	600克
姜泥	10克
葱段	15克
红葱头	15克

🍱 **腌料**

鸡蛋	1/2个
老抽	1小匙
淀粉	15克
盐	1/2小匙
细砂糖	1小匙
米酒	2大匙
白胡椒粉	少许
五香粉	1/2小匙

🍱 **炸粉**

淀粉	适量

🍱 **做法**

① 鸡腿洗净沥干水分备用。

② 葱段、红葱头放入调理机中搅碎，再加入姜泥、60毫升的水拌匀放入一个大容器中，再放入鸡腿和所有腌料拌匀，盖上保鲜膜静置腌渍约2小时。

③ 然后加入打散的蛋液和淀粉拌匀。

④ 将鸡腿均匀地沾上玉米粉，再将多余的玉米粉抖去，静置回潮约10～15分钟。

⑤ 烧一锅油，待油温升至约170～180℃时，放入鸡腿，炸5～6分钟至表面呈金黄酥脆后捞起沥油。

脆皮鸡腿

材料

鸡腿	2只
葱	2根
姜	3克
色拉油	500毫升
麦芽	2大匙

调料

A

白醋	4大匙
水	200毫升

B

椒盐粉	1大匙
米酒	20毫升

做法

1. 鸡腿洗净沥干；麦芽、白醋与水用小火煮至融化，混匀即为麦芽醋水备用。

2. 葱与姜洗净以刀背拍破，与椒盐粉及米酒抓匀，加入鸡腿裹匀，并放入冰箱冷藏腌渍2小时。

3. 将鸡腿取出放入沸水中氽烫1分钟后取出，趁热均匀地裹上麦芽醋水，再用钩子吊起鸡腿晾约6小时至表面风干。

4. 热锅，倒入色拉油，热至约120℃，放入做法3的鸡腿以中火炸约12分钟至表皮呈酥脆金黄色，起锅沥油，切块装盘即可。

筒仔鸡

材料
土鸡（或仿土鸡） 300克
葱 2根
姜 30克

调料
A
盐 3大匙
五香粉 1小匙
细砂糖 1大匙
B
米酒 2大匙

做法
1. 土鸡洗净去毛备用。
2. 将调料A混匀，取适量用力抹匀在鸡身内部。
3. 葱、姜洗净拍碎，加入米酒拌匀，取适量抹在做法2的鸡身外，再将葱碎、姜碎塞入鸡身，并加入2大匙葱姜米酒汁于鸡身内，一起腌渍浸泡。
4. 将做法3的鸡脖子挂上吊钩，放入筒内固定，加盖以大火烤约45分钟后取出即可。

> **美味关键**
> 　　筒仔鸡为吊挂悬空，利用桶内焖的热气来熟透；一般在桶子底部烧柴火，家里则可用煤。制作筒仔鸡的桶子，要选择比鸡大的空桶，材质为不锈钢或铁制耐热容器，或利用大型空色拉油桶。

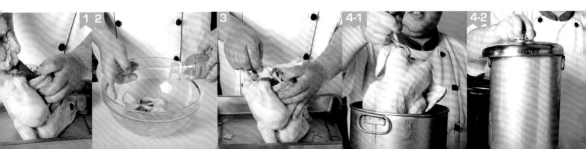

蜜汁烤鸡翅

材料
鸡翅8只、熟白芝麻少许

调料
芝麻酱1大匙、甜面酱1大匙、盐1/2茶匙、红腐乳1/2 块、细砂糖3大匙、米酒1大匙、麦芽糖100克

做法
1. 将除麦芽糖外所有调料混合，放入已洗净的鸡翅腌渍约3小时备用。
2. 烤箱以180℃预热，放入腌好的鸡翅烤约20分钟后取出。
3. 麦芽糖蒸10分钟融化后，涂抹于鸡翅上，最后撒上熟白芝麻即可。

墨西哥辣烤全鸡

材料
春鸡1只

调料
墨西哥辣椒粉1大匙、塔巴斯科辣椒（TABASCO）1大匙、橄榄油1/2大匙、盐1/2大匙、胡椒粉1/4小匙、B.B辣酱1大匙、细砂糖1/2小匙

做法
1. 将所有调料拌匀成辣酱腌料备用。
2. 将春鸡洗净沥干水分，内、外均匀地抹上辣酱腌料，静置腌渍约1小时备用。
3. 取腌好的春鸡，放入已预热的烤箱，以上火150℃、下火150℃烘烤约40分钟至熟即可。

香菇鸡汤

材料
鸡肉600克、香菇10朵、姜片10克

调料
盐1/2小匙、米酒少许、热水600毫升

做法

① 香菇洗净，以200毫升水泡软，剪除香菇梗；鸡肉洗净切大块备用。

② 取一锅水煮滚，加入少许米酒，放入鸡肉汆烫，捞出以水冲洗干净。

③ 电饭锅内锅放入香菇与香菇水、汆烫好的鸡肉、姜片和600毫升热水，外锅加一杯半水煮至开关跳起，焖10分钟，加入盐调味即可。

菠萝苦瓜鸡汤

材料
苦瓜1/2根、小鱼干10克、仿土鸡腿1只

调料
菠萝酱2大匙、水8杯

做法

① 仿土鸡腿洗净切大块，用热开水冲洗干净沥干备用。

② 小鱼干洗净泡水软化沥干；苦瓜去内膜、去籽切厚片备用。

③ 取一内锅放入土鸡腿块、小鱼干、苦瓜、酱菠萝及8杯水。

④ 将内锅放入电饭锅中，外锅放2杯水（分量外），盖锅盖后按下开关，待开关跳起即可。

蛤蜊冬瓜鸡汤

材料
仿土鸡肉300克、蛤蜊150克、冬瓜150克、姜
丝15克

调料
米酒15毫升、盐1/2茶匙、鸡精1/4茶匙、水1200
毫升

做法
1. 蛤蜊洗净用沸水汆烫约15秒后取出冲凉水，
   用小刀将壳打开后，把沙洗净备用。
2. 仿土鸡肉洗净剁小块，放入沸水中汆去血
   水，再捞出用冷水冲凉洗净；冬瓜去皮洗净
   切厚片，与处理好的仿土鸡肉块、姜丝一起
   放入汤锅中，再加入水，以中火煮至滚沸。
3. 待鸡汤滚沸后撇去浮沫，再转微火，加入
   米酒，不盖锅盖煮约30分钟至冬瓜软烂
   后，接着加入蛤蜊，待鸡汤再度滚沸后，
   加入盐与鸡精调味即可。

竹笋鸡汤

材料
竹笋300克、鸡肉600克、香菜叶适量

调料
盐1/2小匙、米酒少许、水1000毫升

做法
1. 竹笋洗净去除粗硬外壳切块。
2. 鸡肉洗净切大块备用。
3. 取一锅水煮沸，加入少许米酒，放入鸡肉
   汆烫，捞出以水冲洗干净。
4. 电饭锅内锅放入竹笋块、鸡肉块和1000毫
   升水，外锅加1杯半水煮至开关跳起，焖
   10分钟，加入盐和香菜叶即可。

芥菜鸡汤

乌骨鸡肉300克、芥菜心100克、泡发香菇5朵、姜丝15克

调料
米酒15毫升、盐1/2茶匙、鸡精1/4茶匙、水1200毫升

做法
1. 乌骨鸡肉洗净剁小块，放入沸水中氽烫去脏血，再捞出用冷水冲凉、洗净；芥菜心切小块；泡发香菇切片备用。
2. 将做法1的所有材料与姜丝一起放入汤锅中，加入水，以中火煮至滚沸。
3. 待鸡汤滚沸后撇去浮沫，再转微火，加入米酒，不盖锅盖煮约30分钟，关火起锅后加入盐、鸡精调味即可。

蒜鸡汤

材料
乌骨鸡500克、蒜60克、蒜苗10克、色拉油10毫升

调料
米酒30毫升、盐1/2小匙、水850毫升

做法
1. 大蒜洗净去皮；蒜苗洗净切斜片备用。
2. 乌骨鸡洗净切大块；取一锅水煮沸，放入乌骨鸡氽烫，捞出洗净备用。
3. 锅烧热，加入色拉油，放入做法1的大蒜炒香，再放入水、米酒和氽烫好的乌骨鸡以小火煮约30分钟，最后放入盐，并以蒜苗装饰即可。

砂锅白菜鸡汤

材料

土鸡	1只（约1500克）
火腿	200克
干贝	6颗
大白菜	800克
姜片	50克

调料

水	3000毫升

美味关键
　　仿土鸡公鸡的脂肪较少，适合炖汤，母鸡脂肪较多，适合做白斩鸡，口感较佳。

做法

① 土鸡洗净去除内脏、鸡爪塞入体内备用。

② 火腿去皮后切块；干贝泡水；大白菜（含蒂头）洗净切瓣备用。

③ 热锅，加水煮滚，放入做法2的大白菜汆烫约30秒，捞起静置后沥干备用。

④ 原锅再放入火腿块略汆烫，捞起沥干；最后放入土鸡汆烫，捞起沥干备用。

⑤ 取锅放入火腿块及土鸡，加入水淹过土鸡，再加入干贝及姜片，盖上锅盖，煮沸后转小火，续煮约2小时。

⑥ 准备一砂锅，放入大白菜，盛入做法5的食材及汤，再次煮沸即可。

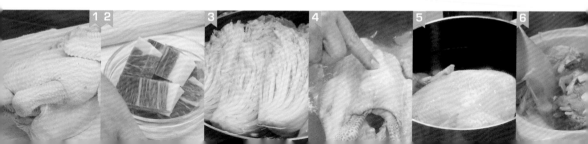

香油鸡汤

材料
土鸡肉块900克、姜片50克

调料
米酒300毫升、盐1/2小匙、冰糖1/2小匙、水900毫升、香油3大匙

做法
1. 将土鸡肉块洗净，汆烫备用。
2. 热锅后加入麻油，放入姜片炒至微焦，再放入做法1的土鸡肉块，炒至变色后先加入米酒炒香，再加入水煮沸，转小火煮30分钟。
3. 最后加入所有调料煮匀即可。

烧酒鸡

材料
土鸡1/2只、当归5克、黄芪少许、陈皮少许、枸杞少许、红枣2颗

调料
米酒适量（足盖过食材）、盐少许

做法
1. 将土鸡洗净后切块，再过沸水汆烫备用。
2. 取一锅，把所有材料与鸡肉同时放入锅中，将米酒倒入锅中到盖满食材为止，以大火煮沸之后，加入盐再转小火炖煮30分钟至熟烂即可。

香菇竹荪鸡汤

材料
土鸡块600克、干竹荪5条、干香菇12朵、姜片
3片

调料
盐1茶匙、水600毫升、米酒1大匙

做法

❶ 将土鸡块放入沸水中汆烫，洗净后去除鸡皮
   备用。

❷ 将干竹笙剪掉蒂头，洗净泡水涨发洗净，剪
   成4厘米长段备用。

❸ 干香菇洗净，泡软去梗留汁备用。

❹ 将做法1、2、3的所有材料放入内锅，
   加入水、姜片、米酒和盐调味，放入电
   饭锅中，外锅加2杯水炖煮，待开关跳起
   即可。

山药枸杞鸡汤

材料
土鸡肉450克、山药300克、枸杞30克、姜片
30克、色拉油15毫升

调料
盐2大匙、米酒300毫升、水1200毫升

做法

❶ 山药去皮洗净切滚刀块；土鸡肉洗净，切
   块备用。

❷ 将电饭锅外锅洗净，按下开关，直接加入
   少许色拉油，放入土鸡肉块炒香。

❸ 续于锅中加入姜片、枸杞、山药块及调
   料，盖上锅盖，按下开关，蒸炖约35分钟
   即可。